這樣你看得懂嗎？

讓你秒懂的資訊設計

平面設計 社群小編 商業簡報 都要會的資訊傳達術

享受OX答題的樂趣，同時還能提升資訊設計的知識！

大部分的工作中都需要製作各種「資料」。包括開會討論用的「文件」、對客戶的「簡報」，甚至是放在社群媒體的「公告」等。這些資料是我們和他人溝通的工具，如果做得好，就能快速有效地傳達訴求。本書將從「資訊設計」的角度出發，帶領讀者學習「快、狠、準」的傳達技巧。而且為了讓每個人都能看懂，本書是以「〇 × 問答」的趣味形式，希望讀者能一邊動腦一邊輕鬆學。

本書的主要內容就是學習資訊設計的技巧，包含資料整理、資料製作的方法，以及基本的平面設計知識。如果想要默默自學這些理論，可能會很容易感到倦怠，因此特別用趣味的「〇 × 問答」來提升學習興致。

我希望大家不要沒頭沒腦地答題或亂猜，請你在每次選擇時，務必試著陳述自己選 〇 的理由或是選 × 的理由。無論最後答對或答錯，最重要的是靠自己想出判斷依據。這樣一來，就能一邊確認自己的相關能力，一邊複習解說頁面，進而加深對該主題的理解，並提升設計知識。

除此之外，在本書的 Chapter 5，還會介紹許多「萬萬不可的 NG 例」。藉由檢視常見的錯誤，可確認「如何修改才能讓資料變得明確好懂」的重點。只要認真研究這些 NG 案例，應該能磨練你的設計品味。

本書刊登了豐富的設計範例，相信也有助於激發讀者的製作靈感。如果你是對製作圖表、簡報、傳單等設計工作非常苦惱、缺乏經驗的讀者，希望本書能幫助你輕鬆學會設計的原則，若能派上用場，我將深感喜悅。祝福你能活用所學，順利地用資料傳達自己的想法。

令和元年 首月（2019 年 5 月）
著者筆

目錄

Chapter 3 先想好每個元素的呈現方式再設計！ 89

Chapter 4 活用照片與圖表來設計！ 133

Chapter 5 透過 NG 和 OK 範例，掌握改善要點！ 183

讓人覺得「哇！」的資料。讓人感到「咦？」的資料。哪一個會讓你感興趣？

不論是繁瑣的會議討論，或是形式化的提案報告，我們都需要用資料來與他人溝通。如果要讓缺乏興致的人們將視線投注在資料上，資料必須具備**引起他人想「讀讀看吧！」的誘因**。

舉例來說，如果資料具備嚴謹的結構讓人覺得值得信任，或是有充滿魄力的設計、或是有簡明易懂的解說，都可能成為誘因。無論透過何種形式，最重要的是讓他人在看到資料的瞬間，感到「哇！」而產生興趣。

提到**資料製作**，或許你會馬上想到輸入說明文搭配圖表製作的簡報，其實更重要是，要思考如何傳達想法，並且透過版面設計的技巧來表現。

例如：擬定故事並提出結論做為大標題、以條列式編排文章或加寬行距、準備簡短有力的文案標語、用圖解呈現概念，用照片加強主旨……等。

如果你總是懶得花心思想，只是把文字排上去，這樣的資料並沒有魅力，自然也無法讓他人萌生「讀讀看吧！」的念頭。

要引起讀者的興趣就靠「視覺型資料」。請用視覺化的簡潔架構來呈現！

如果資料中的資訊量太多、結論不明確，將無法引起讀者的興趣。資料的目的本來就是要在短時間內傳達內容，需要搭配好看的形象來傳達，才會讓人看一眼就有「哇！」的感覺。這時就要重視資料的「外觀」設計。

視覺型資料，是指經視覺化處理的資料。通常文章會比較簡潔，卻能讓人一眼就看到重點。比起閱讀文字，訴諸視覺可以更直覺地理解內容。

比起長文章，關鍵字更簡短有力；比起整個段落，用一個小標字數就更少；複雜的概念說明，不如改用圖解；寫一大段文字說明內容，不如用照片或圖表來說明更令人印象深刻。這些技巧都是為了製作**視覺化的資料**，讀者透過視覺感知的部分越多，就越容易迅速理解和記憶。

視覺化的資料，光是文字比較少，就足以讓人產生好感。具傳達力的資料、清楚好懂的資料，重點就是簡潔。與其「努力塞滿」，不如「勇於割捨」。

請將重點放在「清楚、好懂、具傳達力」，而非苦苦思索版面編排！

版面編排就是在版面上分配所有元素的工作，包括編排文章、圖片、照片等設計元素。元素的挑選與配置、大小與強弱、位置與距離、顏色等細節，都會產生不同效果。確實地編排版面，可自然產生閱讀順序與視覺動線，讓訊息更容易傳達出去。

即使用相同的版面架構，也會依不同的元素而帶給別人不同的感受。因此要了解各元素的作用，選擇能正確有效傳達訊息的最佳技巧。

該如何編排版面，會隨著目的、用途、對象而改變。難免也會遇到文字量過多的報告，或是只有照片及圖說的說明資料，令人覺得難以下手。如果你是不太熟悉資料製作的人，建議將重點放在「**清楚、好懂、具傳達力**」。重點是符合傳達的主旨，若沉醉於絢麗的視覺設計，反而可能會導致誤解。簡言之，編排文章的重點是簡潔、編排圖表要有效彙整重點、編排照片則要設法展現主體的魅力。將資訊精挑細選、去蕪存菁，就能做出簡潔有力的資料。這與清楚好懂的資料、具傳達力的資料息息相關。

將元素編排得整齊美觀，便能將訊息正確地傳達給他人！

看到一個版面，如何判別好壞呢？建議你試著想想看「這個版面美嗎？」構圖是否具有節奏感？各元素是否有整齊排列？是否有舒適的留白空間？配色是否看得出用意？透過上述觀點來檢視後， 如果還覺得「賞心悅目」，大致上就沒有問題了。

若非必要，請勿隨意放入照片或文案。版面設計之美也包括「**清楚好懂**」、「**層次分明**」。請隨時確認目標對象、製作目的，檢查是否符合需求。

要提升資料製作的能力，建議大家平常就要多觀摩設計範例，確實理解 **GOOD 的原因**、**BAD 的原因**。

這本書正是如此設計，可以讓你一邊享受解題的樂趣，一邊還能複習設計的基本原則。翻到各單元例題的 A 與 B，請你試著選出好設計並說明原因。自己思考可以加深理解，無形中自然能提升設計力。請試著將本書中學到的設計基本知識，運用在實際的工作中吧！祝各位成功。

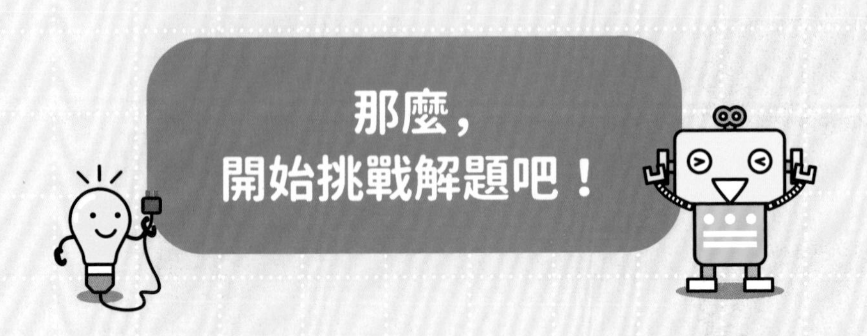

先想好協調的構圖再開始設計！

要編排資料之前，請先想好要把什麼元素放在哪裡，這個構圖的步驟非常重要。如果沒有先想好，只是把文章與圖表排一排，並不算是完成；放幾張照片加上文案，也未必能變成一張傳單。如果能先想好，只將必要的元素適當地配置在版面上，即可衍生出舒適的平衡、節奏與秩序。因此，請先想好協調的構圖，再開始設計吧！

透過協調而洗練的構圖，會更能將重要的訊息傳達到讀者的心中。

整理／分割
線條／邊框
強弱變化
構圖
一致性

圖案的編輯
手繪多邊形
字型大小／字級
輔助線／格線
圖案的格式設定

Q 01

新事業的提案：哪一個版面比較清楚易懂？

※標題中譯：「同心協力的挑戰」

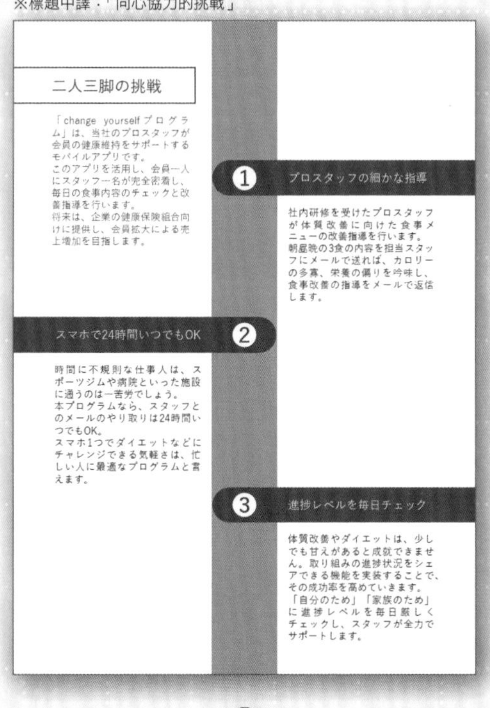

二人三脚の挑戦

「change yourselfプログラム」は、当社のプロスタッフが会員の健康維持をサポートするモバイルアプリです。
このアプリを活用し、会員一人にスタッフ一名が完全密着し、毎日の食事内容のチェックと改善指導を行います。
将来は、企業の健康保険組合向けに提供し、会員拡大による売上増加を目指します。

① プロスタッフの細かな指導

社内研修を受けたプロスタッフが体質改善に向けた食事メニューの改善指導を行います。
朝昼晩の3食の内容を担当スタッフにメールで送れば、カロリーの多寡、栄養の偏りを吟味し、食事改善の指導をメールで返信します。

② スマホで24時間いつでもOK

時間に不規則な仕事人は、スポーツジムや病院といった施設に通うのは一苦労でしょう。
本プログラムなら、スタッフとのメールのやり取りは24時間いつでもOK。
スマホ1つでダイエットなどにチャレンジできる気軽さは、忙しい人に最適なプログラムと言えます。

③ 進捗レベルを毎日チェック

体質改善やダイエットは、少しでも甘えがあると成就できません。取り組みの進捗状況をシェアできる機能を実装することで、その成功率を高めていきます。
「自分のため」「家族のため」に進捗レベルを毎日厳しくチェックし、スタッフが全力でサポートします。

A

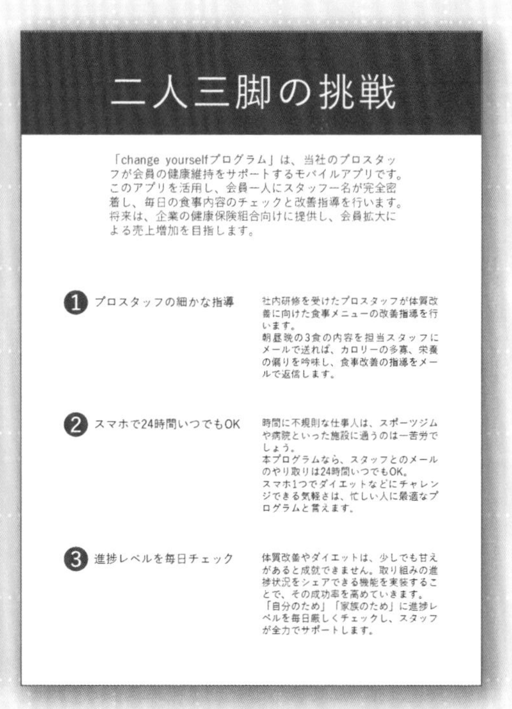

二人三脚の挑戦

「change yourselfプログラム」は、当社のプロスタッフが会員の健康維持をサポートするモバイルアプリです。
このアプリを活用し、会員一人にスタッフ一名が完全密着し、毎日の食事内容のチェックと改善指導を行います。
将来は、企業の健康保険組合向けに提供し、会員拡大による売上増加を目指します。

① プロスタッフの細かな指導

社内研修を受けたプロスタッフが体質改善に向けた食事メニューの改善指導を行います。
朝昼晩の3食の内容を担当スタッフにメールで送れば、カロリーの多寡、栄養の偏りを吟味し、食事改善の指導をメールで返信します。

② スマホで24時間いつでもOK

時間に不規則な仕事人は、スポーツジムや病院といった施設に通うのは一苦労でしょう。
本プログラムなら、スタッフとのメールのやり取りは24時間いつでもOK。
スマホ1つでダイエットなどにチャレンジできる気軽さは、忙しい人に最適なプログラムと言えます。

③ 進捗レベルを毎日チェック

体質改善やダイエットは、少しでも甘えがあると成就できません。取り組みの進捗状況をシェアできる機能を実装することで、その成功率を高めていきます。
「自分のため」「家族のため」に進捗レベルを毎日厳しくチェックし、スタッフが全力でサポートします。

B

可以快速辨認出標題和每個元素的版面，就是容易懂的版面。

A 01

Q 01 的答案 B

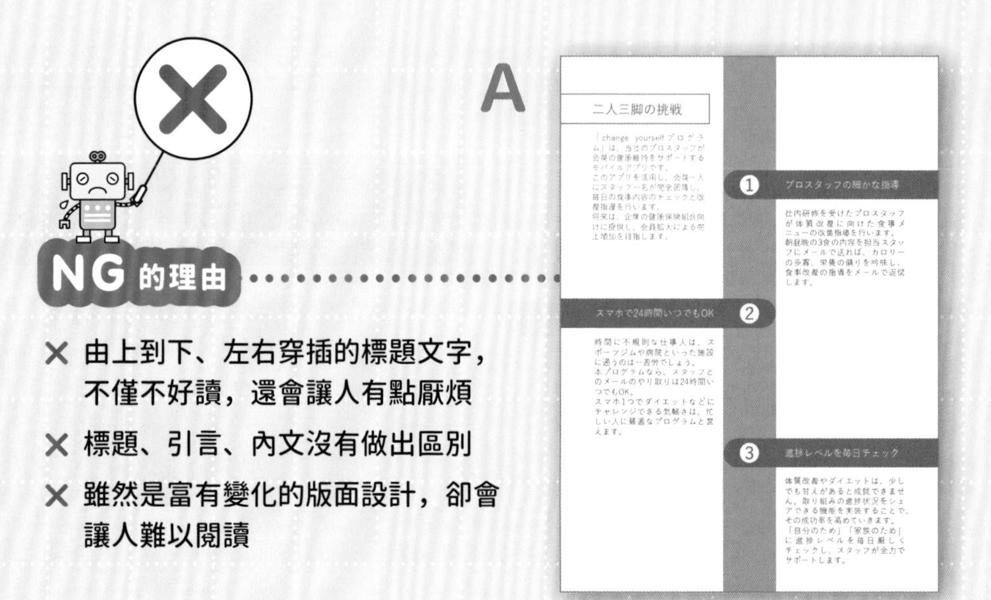

NG的理由

- ✕ 由上到下、左右穿插的標題文字，不僅不好讀，還會讓人有點厭煩
- ✕ 標題、引言、內文沒有做出區別
- ✕ 雖然是富有變化的版面設計，卻會讓人難以閱讀

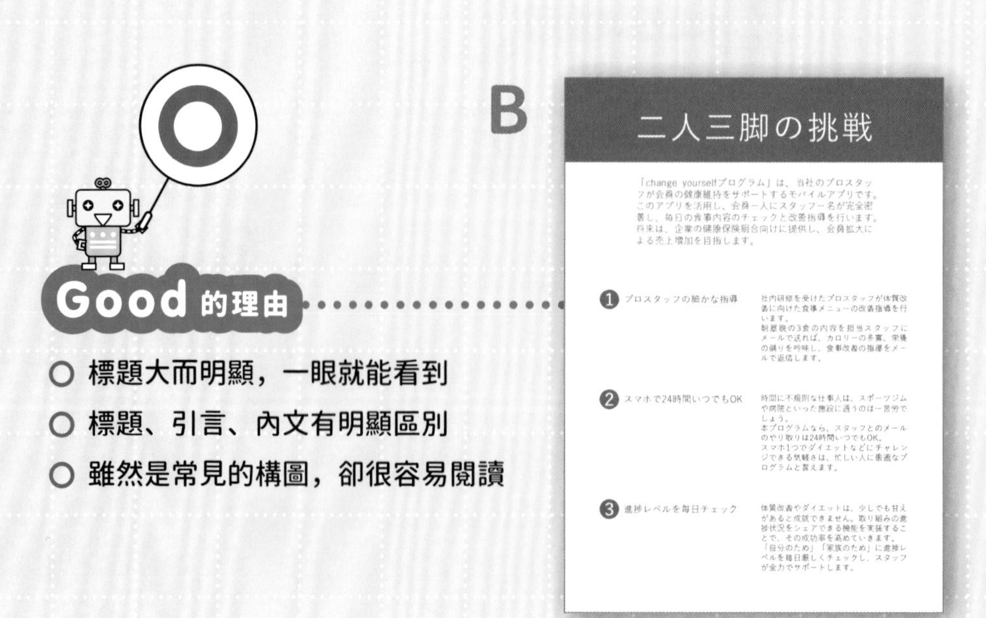

Good的理由

- ○ 標題大而明顯，一眼就能看到
- ○ 標題、引言、內文有明顯區別
- ○ 雖然是常見的構圖，卻很容易閱讀

把版面編排地井然有序，一定會變得更容易閱讀！

❶ 無須標新立異。採取一般正統作法就好

版面編排的基本原則是要「**整齊排列**」。只要將各元素整齊排列，不僅能夠明確地傳達資訊，還可以給人「資訊有經過篩選」的安心感。請讓照片的大小與位置、說明文的字數都整齊一致。

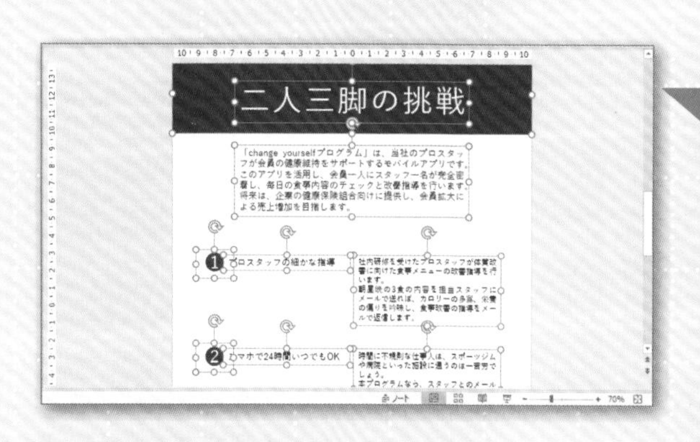

項目編號、小標、說明文的位置都有整齊排列，可讓人舒適閱讀

將內文排成 3 欄，並且配置於下半部。編號以及標題、分隔線與內文之間都有清楚區分，給人清爽俐落的感覺

❷ 規則性與穩定感會帶來好印象

想要將版面編排得整齊美觀，建議先將整個版面分割，依垂直或水平劃分為 4 等分或是 6 等分，再沿著這些分隔線編排元素。

運用這個方法，就能更有效率地在有限版面內配置大量的資訊，營造出規則性與穩定感，適合訴求整齊清爽的商務資料。如果是編排型錄或傳單等以視覺元素為主的資料，也很適合這種充滿秩序美的版面。

設計範例集

思考元素的數量與重量，找出平衡感良好的擺放位置！

範例 1　根據元素數量找出平衡感最佳的位置

Bread with fruits

パン ✕ フルーツは
無限大の美味しさ

爽やかな甘さのフルーツをたっぷりのクリームで包んだ「フルーツサンド」。口当たりのよい柔らかなパンはやさしさを感じ、フレッシュで色鮮やかなフルーツに誰もが幸せな気分になります。「フルーツサンド」はショッピングの合間やデート中に気軽に食べられることもあり、従来の菓子パンや総菜パンにはないスマートなファストフードとして人気が出ています。当社の戦略商品として販売することを提案します。

▲ 4 個元素，最適合具穩定感的田字型編排

Bread with fruits

パン ✕ フルーツは
無限大の美味しさ

爽やかな甘さのフルーツをたっぷりのクリームで包んだ「フルーツサンド」。口当たりのよい柔らかなパンはやさしさを感じ、フレッシュで色鮮やかなフルーツに誰もが幸せな気分になります。「フルーツサンド」はショッピングの合間やデート中に気軽に食べられることもあり、従来の菓子パンや総菜パンにはないスマートなファストフードとして人気が出ています。当社の戦略商品として販売することを提案します。

▲ 配置奇數元素時應避免「重量」的偏移

範例 2　先分割版面再有條理地整理資料

▲ 採取 9 宮格配置，令人印象深刻

▲ 活用邊框與圖說，可突顯每個元素

文字量多時
要用俐落的版面加以整理

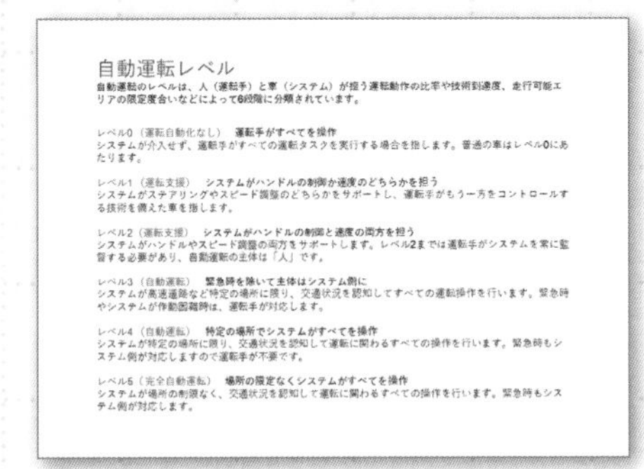

× 全都是文字的資料，無法引起閱讀興趣

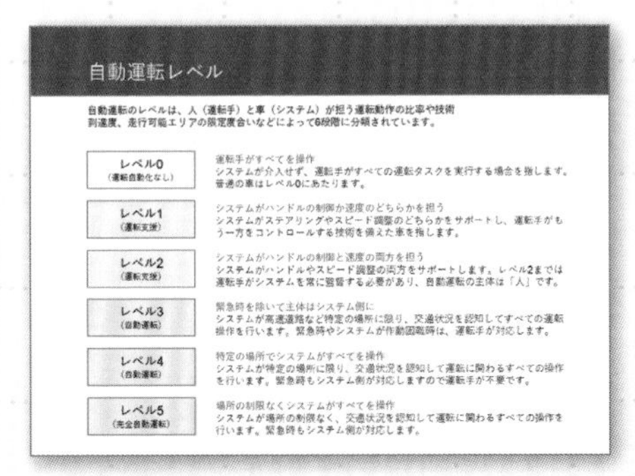

○ 將文字編排成富有規則變化的小標，讓人一看就懂！

○ 將版面劃分為 4 等分，各區域與段落之間的空白讓人感受到節奏感與規律感！

只有文字元素時
可劃分區塊並加以配置

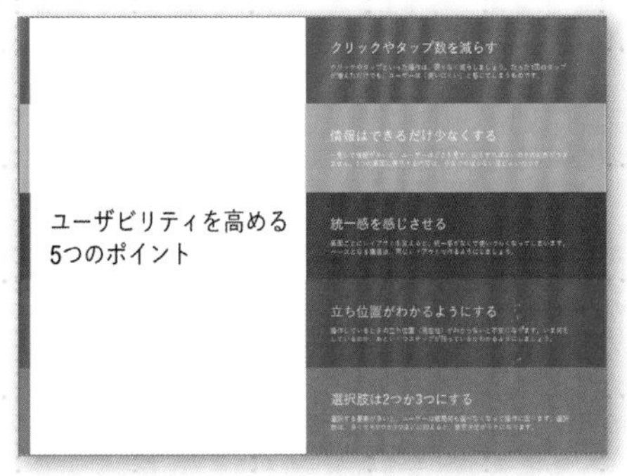

○ 光是排列色塊，就能加深各類別的印象！

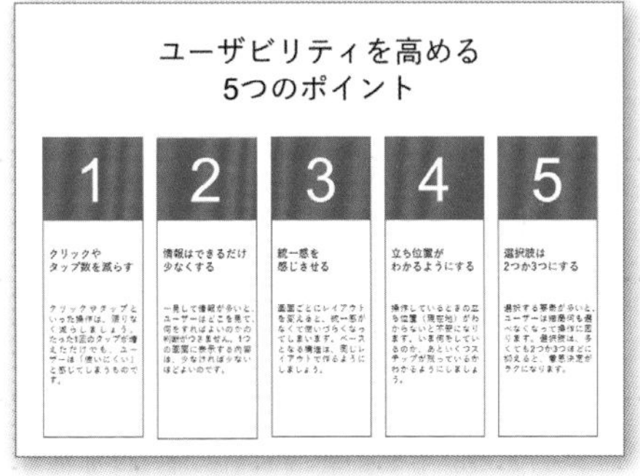

○ 活用編號與區塊，將資料區分開來，可讓理念或訴求變得清楚明白！

圖案的形狀及位置都有其意義。要表達同等的資訊，就要讓形狀與尺寸統一！

許多資料會將商品介紹、調查結果等資訊同等排列。在排列同等元素時，建議統一圖案的形狀、尺寸、顏色、方向等樣式，可讓讀者快速理解哪些是同等的資訊，並傳達信賴感。以下介紹如何在 PowerPoint 中變更圖案。

操作 1 變更圖案的尺寸

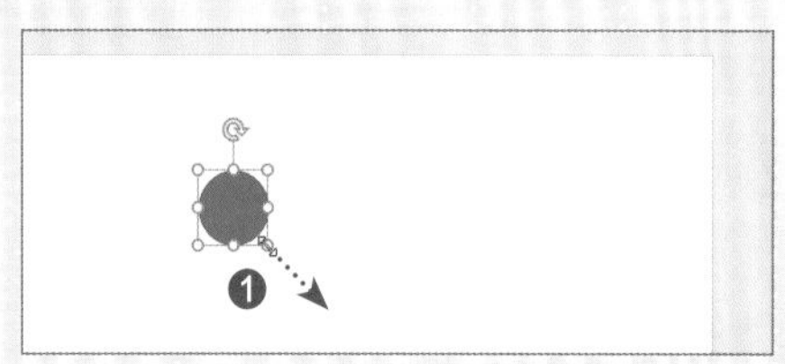

▲ ❶ 想要等比例縮放圖案時，請 ❶ 選取圖案，然後按住 Shift 鍵，再拖曳該圖案四個角落的縮放控點

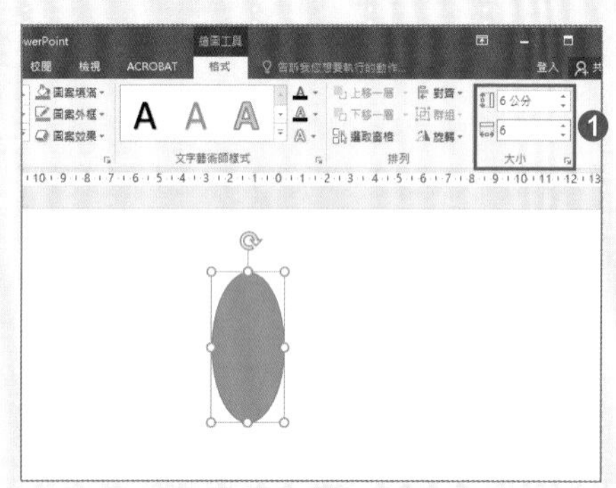

▲ 若要指定圖案的尺寸，請選取圖案，然後在 [繪圖工具／格式] 分頁 [大小] 區 ❶ 的 [高度] 與 [寬度] 欄位中輸入數值

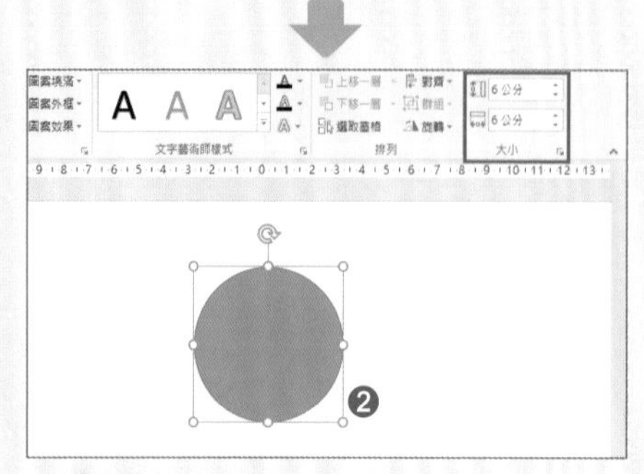

▲ ❷ 圖案改變了

操作 2 變更圖案的種類

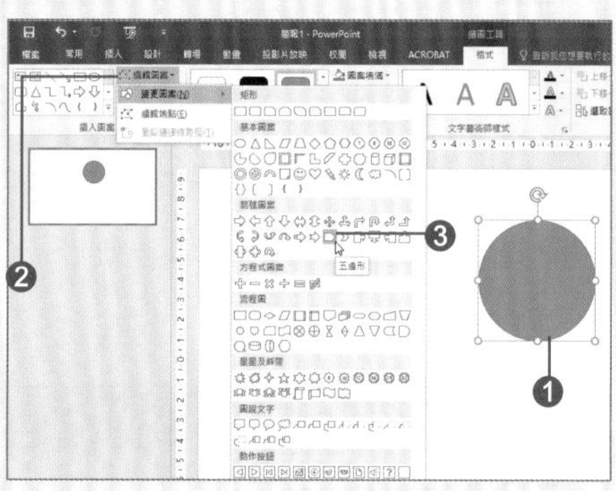

▲ ❶ 選取圖案（按住 Ctrl 鍵即可選取多個圖案）
❷ 按下 [繪圖工具／格式] 分頁 [插入圖案] 區的 [編輯圖案] 鈕
❸ 從 [變更圖案] 選單中選取想要變更的圖案

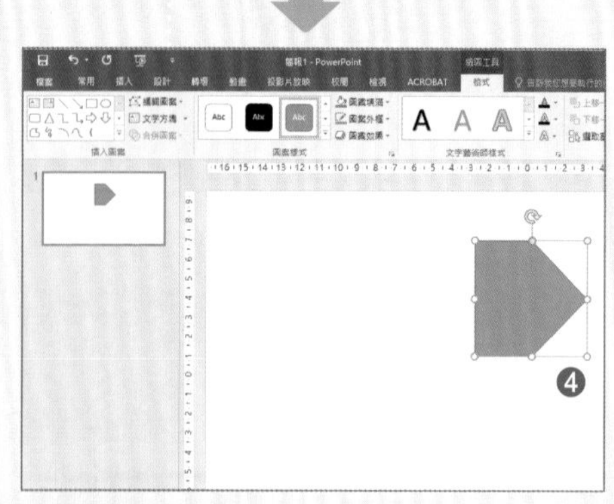

▲ ❹ 圖案的外觀改變了

傳達主題的「三大重點」：哪一個能一目瞭然？

※標題中譯：「讓人健康長壽的三大重點」

A

健康寿命をのばす
3つのポイント

Smart Life Project

適度な運動

毎日10分の早歩き
- あと1000歩こう
- ひと駅歩こう
- 3曲分歩こう

適切な食生活

野菜350ｇが推奨量
- あと70ｇ食べよう
- 温野菜なら食べやすい
- 朝食はおにぎりで

禁煙

たばこは害がある
- 肌の美しさを損なう
- 若々しさを失う
- 受動喫煙が生じる

B

健康寿命をのばす
3つのポイント

Smart Life Project

適度な運動
毎日10分の早歩き
・あと1000歩こう
・ひと駅歩こう
・3曲分歩こう

適切な食生活
野菜350グラムが推奨量
・あと70グラム食べよう
・温野菜なら食べやすい
・朝食はおにぎりで

禁煙
たばこは害がある
・肌の美しさを損なう
・若々しさを失う
・受動喫煙が生じる

提示　哪一個版面能使人直覺感受到「有三大重點」？

A 02

Q 02 的答案　A

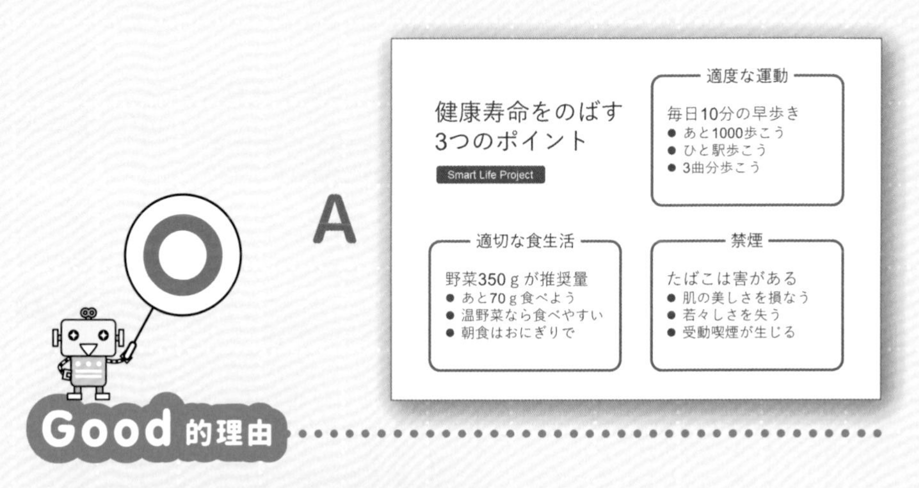

- ○ 用框線區分資訊，會更容易辨識
- ○ 經過整理的資訊能自然地引導視線
- ○ 將區塊整齊排列，可讓設計顯得井然有序

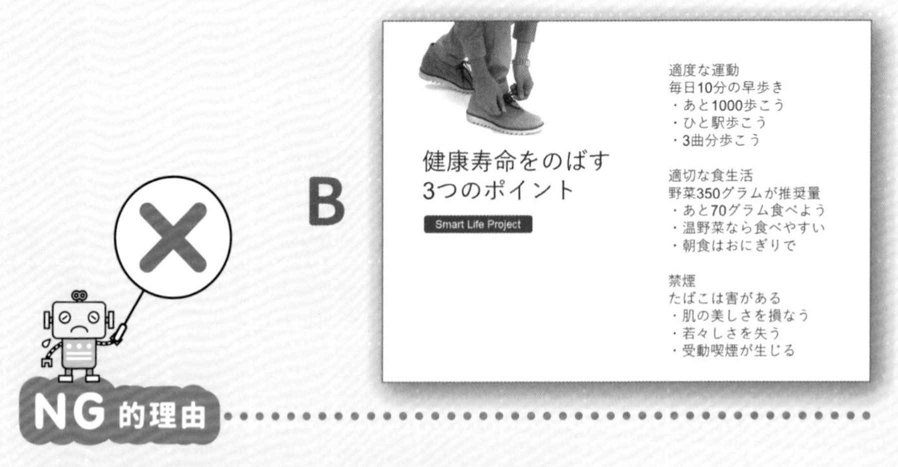

- ✕ 內文雖然有設定空行，仍然顯得太過冗長
- ✕ 資訊沒有明確分類，很難注意到「三大重點」
- ✕ 照片和內容缺乏關聯，反而干擾閱讀動線

想要明確區別內容時，可運用線條或邊框劃清界線！

❶ 用一條線即可分類或區分資訊

要整理容易顯得零散的大量元素、區分資訊內容時，線條相當好用。只要一段「**線條**」，即可將內容區隔成上下或左右兩種。此時，可在使用的線條類型上花點心思。粗的實心線條可感受到明顯的區隔，點線或虛線則給人簡單區隔的感覺。若能根據資訊的意義與目標對象變更線段的類型，看起來會更加好讀。

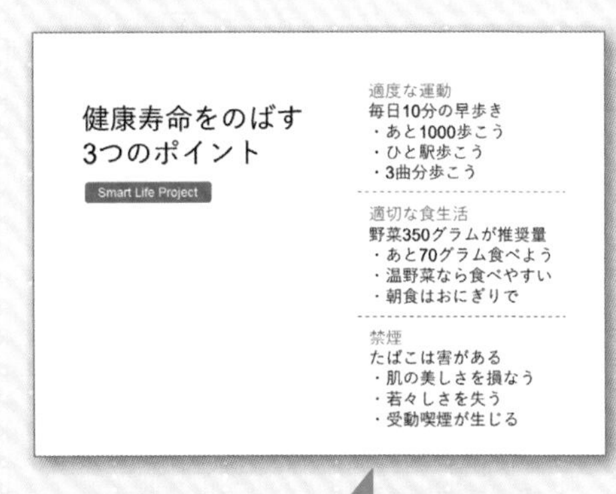

使用 1.5 點的虛線，簡單地做區隔

用雙線區隔上下半部，下半部用點線劃分

❷ 把資訊框起來可營造穩定感並且強調內容

要整理資訊時，最簡單的方法就是「**把元素框起來**」，可讓每個元素的存在感更為強烈。本例就根據標題的「3 大重點（3 つのポイント）」準備 3 組框線，讓人能憑直覺判別內容。矩形邊框具安定感，但容易顯得過於嚴謹，請依內容選擇邊框形狀，若能活用圓角矩形或橢圓形邊框提升柔和感，也是不錯的作法。

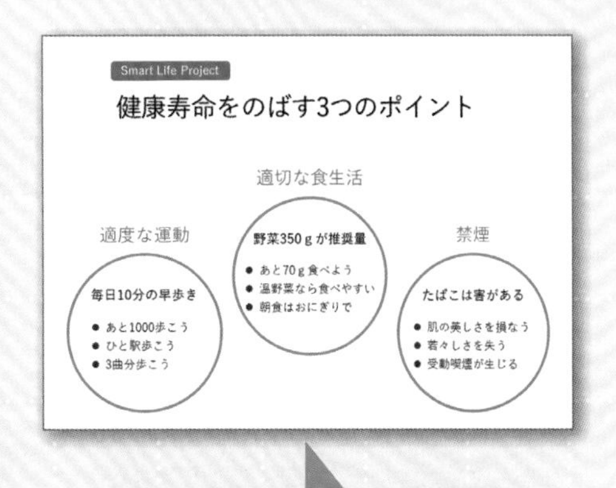

先用圓框線把文字圍起來，再錯開配置以添加變化。若框線太粗或是太深容易有壓迫感，建議使用淺色

整齊感、穩定感、強調重點與視覺誘導。請活用創意，發揮線條的優點吧！

邊框與線條，都可以使用 PowerPoint 內建的圖案做出來。製作框線的方法，是先畫矩形等圖案，然後將填色刪除，只保留線條。線條除了畫直線，也可使用「手繪多邊形」畫出連續的直線。

操作1 用矩形製作邊框

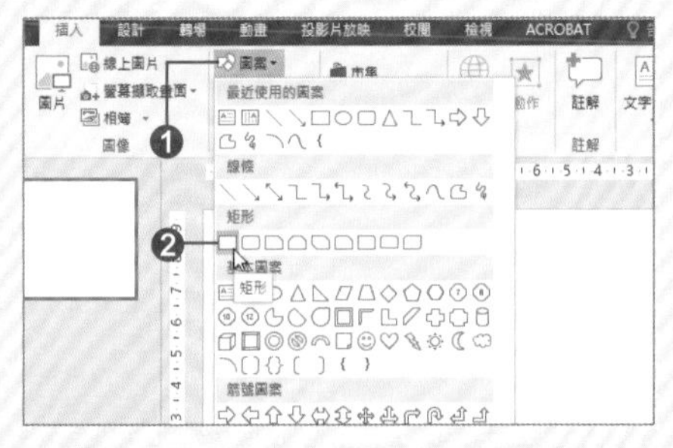

▲ ❶ 按下 [插入] 分頁 [圖例] 區的 [圖案] 鈕
❷ 點選 [矩形]

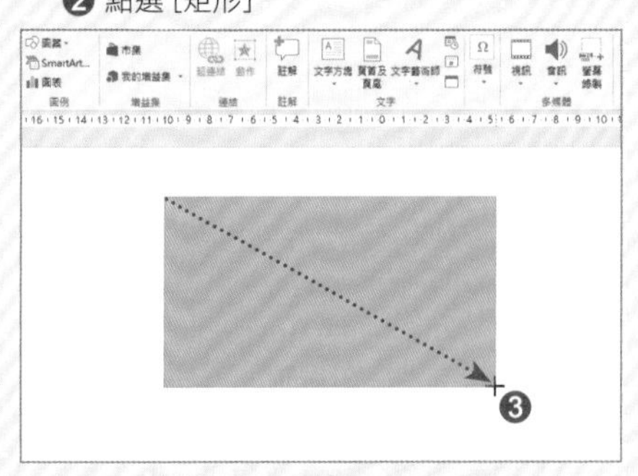

▲ ❸ 以拖曳方式畫出想要的大小

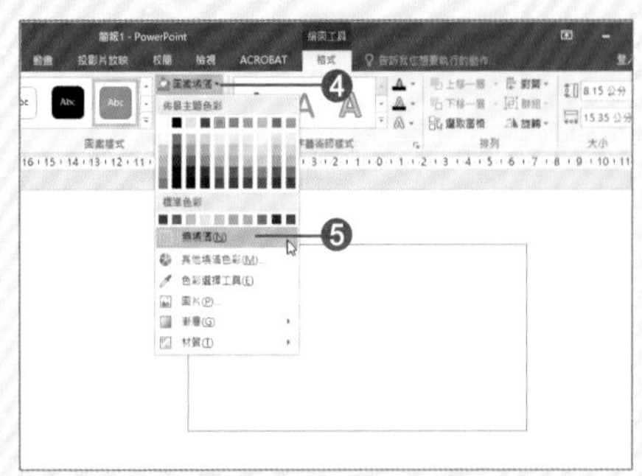

▲ ❹ 按下 [繪圖工具／格式] 分頁 [圖案樣式] 區的 [圖案填滿] 鈕
❺ 點選 [無填滿] 將填色刪除

操作2 繪製連續的直線

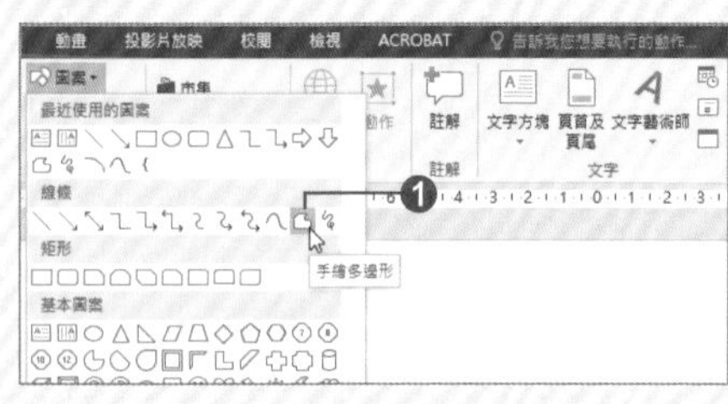

▲ ❶ 按下 [插入] 分頁 [圖例] 區的 [圖案] 鈕，點選 [手繪多邊形]

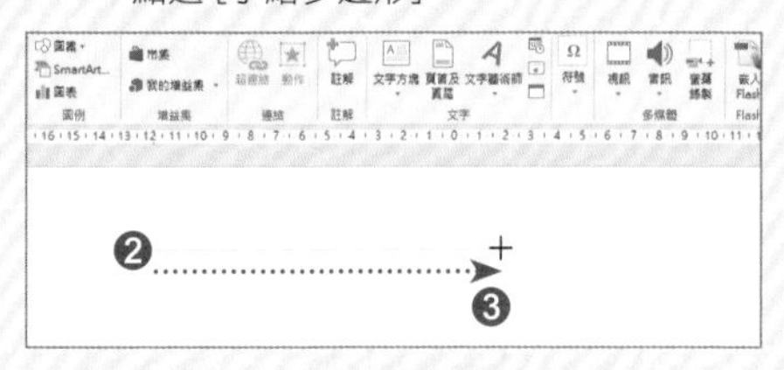

▲ ❷ 在起點按一下滑鼠左鍵
❸ 按住 Shift 鍵後移到下一個端點位置，然後再按一下左鍵（中間不用拖曳）

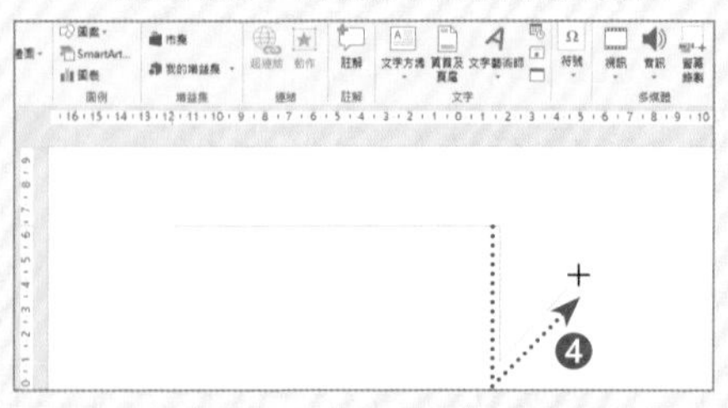

▲ ❹ 反覆相同操作，即可繪製連續的直線
▲ ❺ 按下 Esc 鍵即可完成繪製

※ 使用 [手繪多邊形] 功能畫線時，即使想畫出筆直的線條，直線偶爾會顯得有點彎（譯註：沒有按住 Shift 鍵才會出現此狀況）。另外，將多條直線接在一起也無法變成線條連續的圖案，使用本例的方法，即可建立連續直線的圖案。

※ 步驟 ❸ 的操作，按住 Shift 鍵即可繪製水平／垂直／45 度角的直線。

活用線條的種類與形式，可以表現資訊的統整性或是差異化！

只用線條明確區分資訊

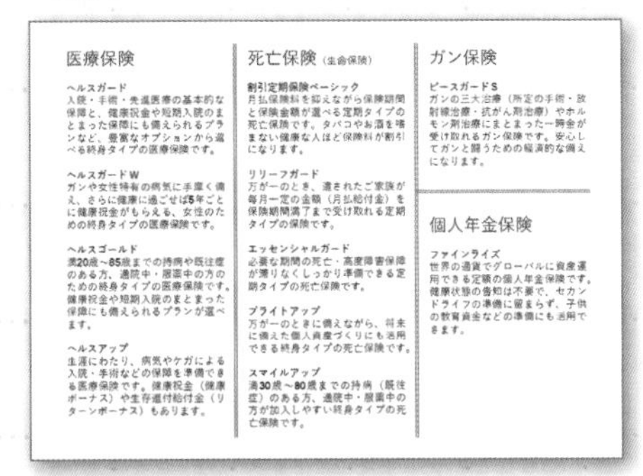

▲ 只用雙線區隔，即可明確地將資訊分類

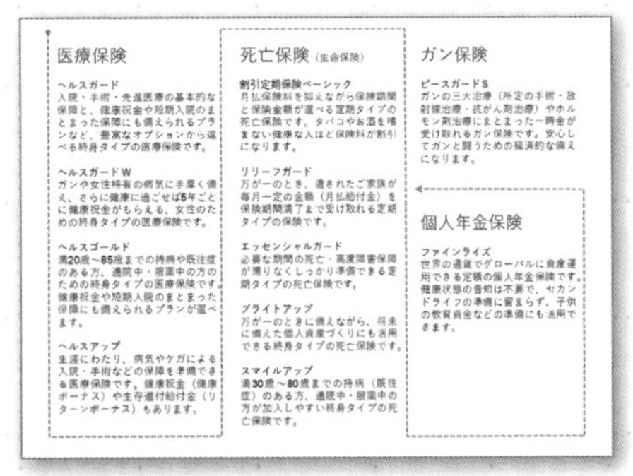

▲ 使用連續的直線，可引導視覺動線

用框線整合或強調

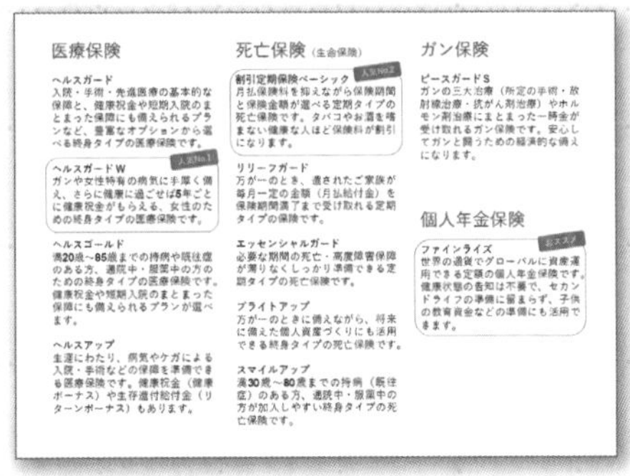

▲ 用框線可突顯出特定區域

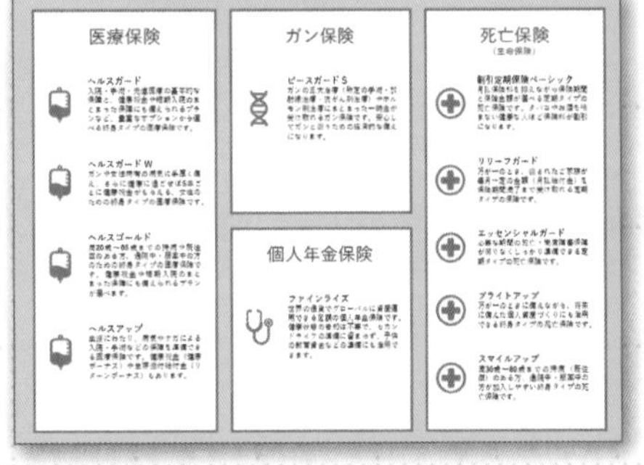

▲ 活用背景色，即可有效襯托出文字區塊

活用表格內的各種線條來區分不同資訊

電子部品地域別出荷額（2018年度）

地域別出荷金額	金額（億円）	前年比（%）
グローバル	13,346	105
日本	3,118	105
米州	1,329	114
欧州	1,349	107
中国	4,649	104
アジア他	2,915	101

▲ 表格內的實線，讓人意識到區隔性

電子部品出荷額（2018年4月～7月累計）

品目	金額（億円）	前年比（%）
受動部品	5,488	117
コンデンサ	3,888	123
抵抗器	549	107
トランス	161	105
インダクタ	874	103
その他	13	-
接続部品	3,369	93
スイッチ	1,399	90
コネクタ	1,950	96
その他	20	93
変換部品	2,672	106
音響部品	592	95
センサ	1,178	104
アクチュエータ	901	117
その他の電子部品	1,815	94
電源部品	745	94
高周波部品	1,070	95

▲ 表格內的虛線，讓人意識到階層及關聯性

休息片刻

畫一條線

用線框起來

改變線條的樣式

改變線條的方向與角度

網站重新設計的提案書：哪一個比較吸引人？

※標題中譯：
「提升訪客吸引力的公司網站重新設計案」

Renewal of own site not failing

顧客を引きつける自社サイトのリニューアル

インタラクティブなコミュニケーションサイトへ

Webサイトは、いまや顧客との接点としての役割にとどまらず、商品やサービスの情報収集、比較検討、購入、サポートなど、あらゆる対応が求められる顧客対応の最前線です。使いやすく高機能なWebサイトを構築し、スムーズな運用をすることで企業の価値が高まります。
さらに、すべてがスマートフォンに最適化され、顧客と企業がいつでも接触できる状況が不可欠です。企業のWebサイトもこの変化に対応すべく、迅速にリニューアルできる思考とフットワークが求められています。

A

Renewal of own site not failing

顧客を引きつける
自社サイトのリニューアル

インタラクティブなコミュニケーションサイトへ

Webサイトは、いまや顧客との接点としての役割にとどまらず、商品やサービスの情報収集、比較検討、購入、サポートなど、あらゆる対応が求められる顧客対応の最前線です。使いやすく高機能なWebサイトを構築し、スムーズな運用をすることで企業の価値が高まります。
さらに、すべてがスマートフォンに最適化され、顧客と企業がいつでも接触できる状況が不可欠です。企業のWebサイトもこの変化に対応すべく、迅速にリニューアルできる思考とフットワークが求められています。

B

替元素添加強弱變化，即可讓訴求點變得更吸睛。

A 03

Q 03 的答案 B

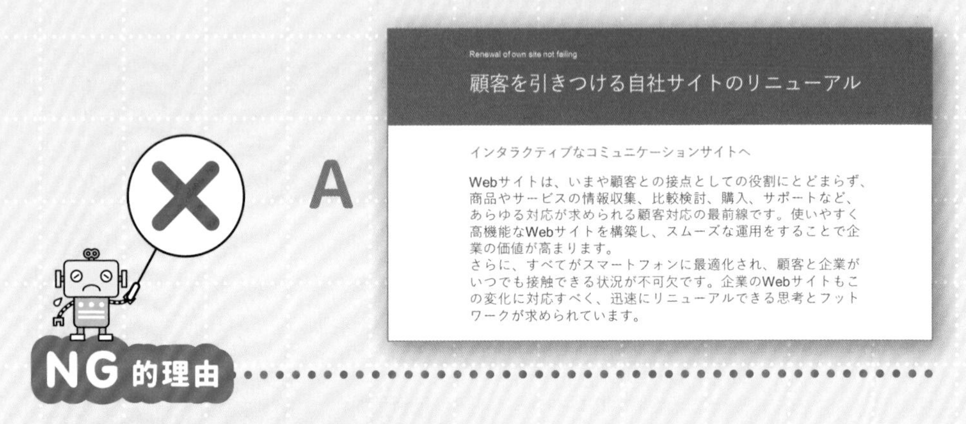

NG 的理由

- × 反覆出現相同的文字大小與字體
- × 無法快速辨認哪邊是重點
- × 看起來不會想要細讀內容

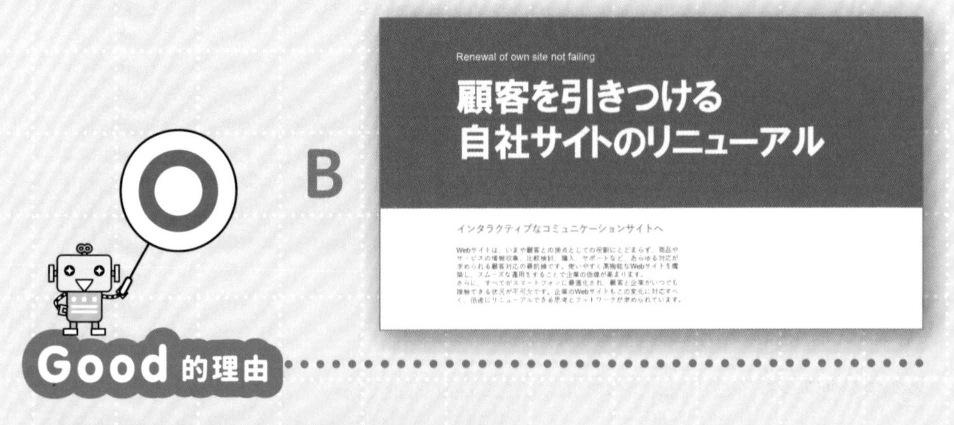

Good 的理由

- ○ 斗大的標題文字，瞬間就能映入眼簾
- ○ 有顏色的標題文字變成良好的點綴
- ○ 內文的文字較小，版面整體有強弱變化

增添大小與區塊的強弱變化，讓重點更清楚明確！

❶ 勇敢地做出大小差異，讓重點元素更明顯！

如果要讓重點更明顯，就要做出**強弱變化**，也就是讓強弱有清楚的區別。最簡單的方法是讓文字與照片等元素有大小的差異，藉由突顯不同之處來強調欲訴求的重點，就能很自然地快速映入眼簾。賦予元素差異時，建議要「**乾脆**」、「**大膽**」。突顯差異和強弱變化，即可讓重點更清晰明確。

挑選適當的照片並且大膽呈現，強調照片主體所營造的氣氛，就能做出視覺衝擊性十足的版面編排！

❷ 放大要強調的元素，其他元素則要縮小！

要表現強弱變化，請先將資訊分組、替各區塊設定優先順序，然後將優先度較高的資訊放大編排。將想要突顯的部分放大配置，其他部分則縮小。藉由大小落差，就能營造強弱變化。另外，如果想要讓特定部分與其他資訊有所區別，也可以試著運用框線，或是替該區域加上顏色。

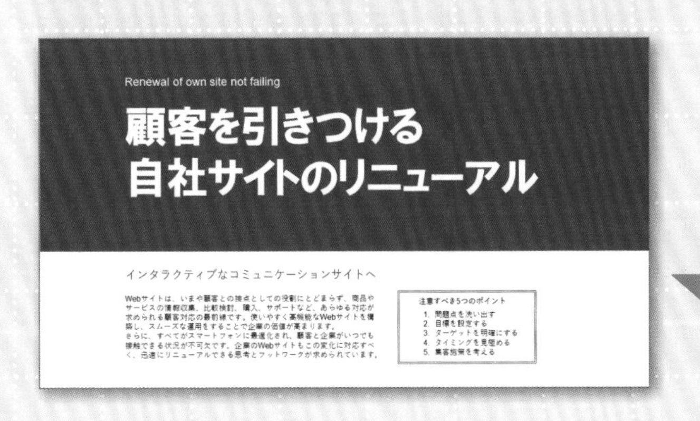

加上框線可和其他資訊加以區別，讓重點處更引人注目，誘導視線

調整文字大小時建議要膽大心細。請找出對比良好的大小吧！

PowerPoint 的文字方塊標準字級是 **18pt**。改變文字大小的方法有很多種，最基本的作法是選取文字，然後套用相關功能即可。

操作1 活用快速鍵 迅速變更文字大小

要變更文字大小時，建議先記住快速鍵，這樣既省時又有效率。按住 Ctrl + [鍵即可縮小字級，按住 Ctrl +] 鍵則可放大字級。

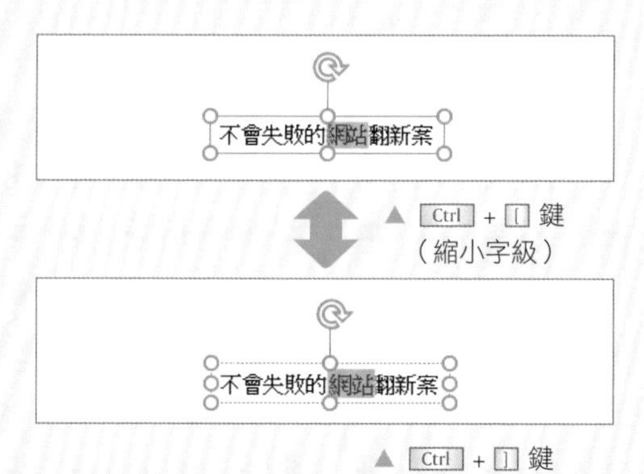

▲ Ctrl + [鍵（縮小字級）

▲ Ctrl +] 鍵（放大字級）

操作2 活用迷你工具列 確實變更文字大小

以拖曳的方式選取文字，或是在已經選取的文字上按右鈕，即可顯示迷你工具列。

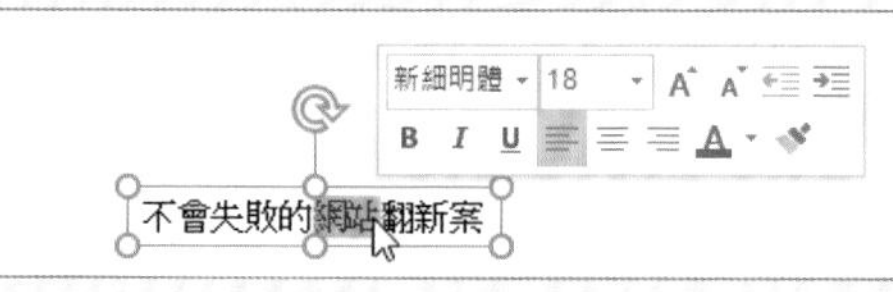

▲ 在已選取的文字旁邊出現迷你工具列。在 [字型大小] 欄位即可指定字級（文字大小）

操作3 標準作法

點按文字方塊的邊框，然後比照右圖操作，可一併改變所有文字的大小。接著按滑鼠右鈕執行『**設定為預設文字方塊**』命令，設定之後，若是在新建立的文字方塊內輸入文字，都會套用指定的字型大小。

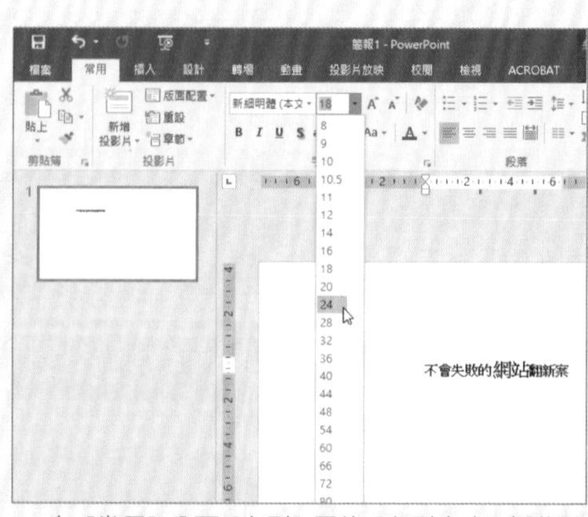

▲ 在 [常用] 分頁 [字型] 區的 [字型大小] 欄位可指定字級（文字大小）

加上強弱變化時不可曖昧不明。應該盡量大膽、乾脆！

※標題中譯：
「資產運用研討會 & 個人面談 - 人人都能長命百歲的時代該如何度過？」

避免模糊的大小差異

× 不同層級的資訊，文字大小的差異並不大，使版面顯得不夠沉穩、俐落。營造明顯的差異非常重要！

× 標題與其他文字的字級只差2pt，差異不明顯。

資産運用セミナー & 個別相談会

人生100年時代をどう過ごしますか？

超低金利が続く経済状況下、預貯金だけでリタイア後の人生を送るのは不安がつきまといます。投資と言っても株式や生命保険、不動産など資産運用の方法はたくさんあり、メリットもリスクも異なります。一体どれが自分に合っているのかわからないことでしょう。
「資産運用を始めてみたいけど、何から始めればいいかわからない」という方のために、コツコツ積立派の「長期・分散投資」と、現物資産保有派の「不動産投資」の2つをご紹介します。タイプの異なる2つの資産運用の基礎を身につけて、人生100年時代に備えましょう。

日時　2019年11月29日(金)
セミナー　<第一部>基礎からわかる現代マネー　13:00～14:00
　<第二部>初めての一棟不動産投資　14:10～15:10
　※セミナー終了後に個別相談会を行います。

避免大小一致

× 這個版面雖然有較多元素，如果大小都一樣，容易顯得相當單調。重要元素與一般元素之間請明顯區分！

× 選圖時請參考文章的標題和內容，避免使用和文章完全無關或看不出關聯的照片。

資産運用セミナー & 個別相談会

人生100年時代をどう過ごしますか？

超低金利が続く経済状況下、預貯金だけでリタイア後の人生を送るのは不安がつきまといます。投資と言っても株式や生命保険、不動産など資産運用の方法はたくさんあり、メリットもリスクも異なります。一体どれが自分に合っているのかわからないことでしょう。
「資産運用を始めてみたいけど、何から始めればいいかわからない」という方のために、コツコツ積立派の「長期・分散投資」と、現物資産保有派の「不動産投資」の2つをご紹介します。タイプの異なる2つの資産運用の基礎を身につけて、人生100年時代に備えましょう。

日時　2019年11月29日(金)
セミナー　<第一部>基礎からわかる現代マネー　13:00～14:00
　<第二部>初めての一棟不動産投資　14:10～15:10
　※セミナー終了後に個別相談会を行います。

避免過度擁擠

× 雖然有將標題文字放大，卻因為資訊過多而難以閱讀。建議善用留白來營造對比！

× 只是將各種大小不同的元素排列在版面上，沒有突顯出重點，反而使視線無法聚焦。

The life 100 years old era

人生100年時代をどう過ごしますか？

超低金利が続く経済状況下、預貯金だけでリタイア後の人生を送るのは不安がつきまといます。投資と言っても株式や生命保険、不動産など資産運用の方法はたくさんあり、メリットもリスクも異なります。一体どれが自分に合っているのかわからないことでしょう。
「資産運用を始めてみたいけど、何から始めればいいかわからない」という方のために、コツコツ積立派の「長期・分散投資」と、現物資産保有派の「不動産投資」の2つをご紹介します。タイプの異なる2つの資産運用の基礎を身につけて、人生100年時代に備えましょう。

資産運用セミナー & 個別相談会

日時　2019年11月29日(金)
セミナー　<第一部>基礎からわかる現代マネー　13:00～14:00
　<第二部>初めての一棟不動産投資　14:10～15:10
　※セミナー終了後に個別相談会を行います。

不知道要在哪裡營造強弱變化時該怎麼辦？

要營造強弱變化時，目標是要讓讀者一眼看出「明顯的差異」。因此要有效運用，加強重點資訊、弱化非重點的資訊，讓人只要簡單瞄一眼就能看到感興趣的資訊，就會更容易將訊息傳達出去。

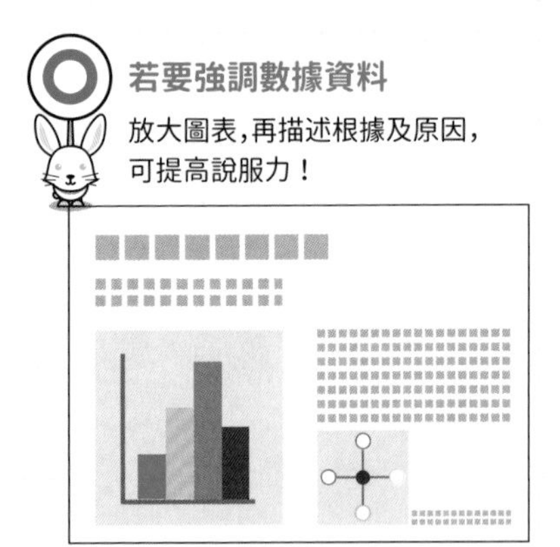

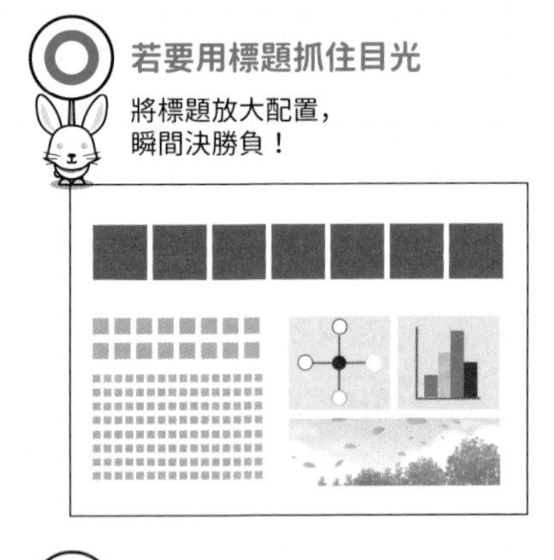

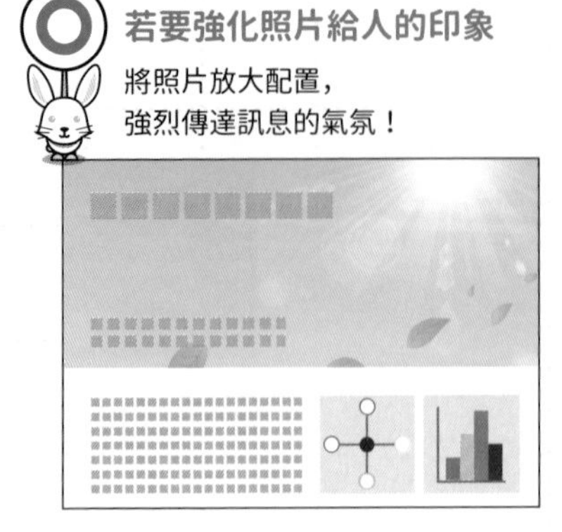

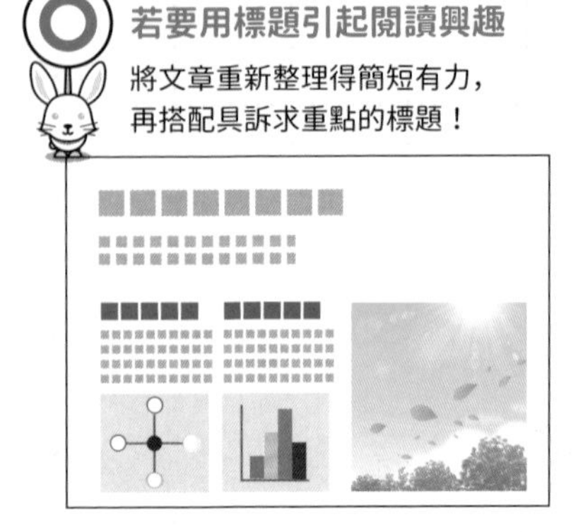

研討會的傳單：哪一個設計比較引人注目？

※標題中譯：
「Skill up Seminar - 頂尖簡報術研討會」

A

B

你知道什麼是「平衡的構圖」嗎？

A 04

Q 04 的答案 B

NG 的理由

× 所有元素過度聚集在版面中間

× 由上到下連續編排的長文章，讓整體顯得沉重

× 無法展現照片的魄力與開放感

Good 的理由

○ 整體版面簡潔俐落

○ 元素之間的比重和平衡感讓人感到舒適

○ 標題變大，瞬間跳進視線範圍

運用「井字分割」產生的交點，完成平衡性佳的美麗設計！

❶ 完成俐落的設計！

編排版面時，有的人會覺得一定要把元素安排在中間。可是，這樣會顯得平凡無奇。建議試著先將整個版面的垂直、水平都分割成 3 等分，然後利用 4 條分割線產生的交點來配置元素。只要將欲強調的文字或照片主體配置在交點上，就能完成俐落、平衡性佳的設計。這是常見的構圖技巧，建議大家牢記。

排版時善用 4 個交點，即可營造出簡潔俐落的感覺

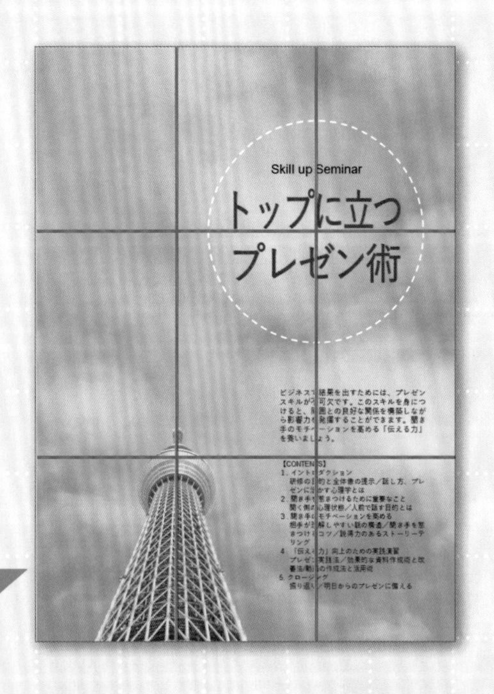

❷ 把「主角」配置在4個交點上！

排版時如果有重要元素，例如照片的拍攝主體、大標題，或是構圖上的文章區塊端點，建議參考上述的 4 條線交點來配置。不過，不一定要過度拘泥於 4 個交點，放在線上的大概位置也可以。此外，如果在 4 個交點都放滿元素也會顯得無趣，請檢視整體平衡，適度營造留白。

把「主角」配置在 4 個交點或線上，可讓重點元素變明確，同時也可引導讀者的視線

在全白的版面上無法決定位置。遇到這種情況，就把格線顯示出來吧！

配置元素時，建議顯示出**輔助線**或**格線**，以此為基準來編排會比較方便。輔助線是在畫面中央交錯的垂直與水平的 2 條線，格線則是等距離顯示的垂直與水平點線。這些線條只是輔助，不會顯示在投影片或印出來的紙上。

操作 1 顯示輔助線與格線

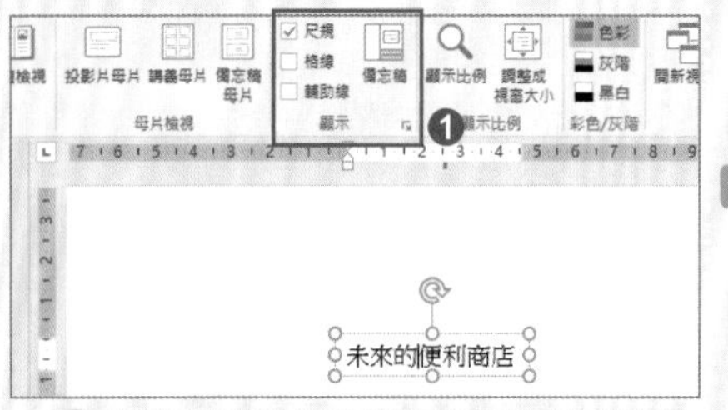

▲ ❶ 勾選 [檢視] 分頁 [顯示] 區的 [格線] 與 [輔助線] 這兩個項目

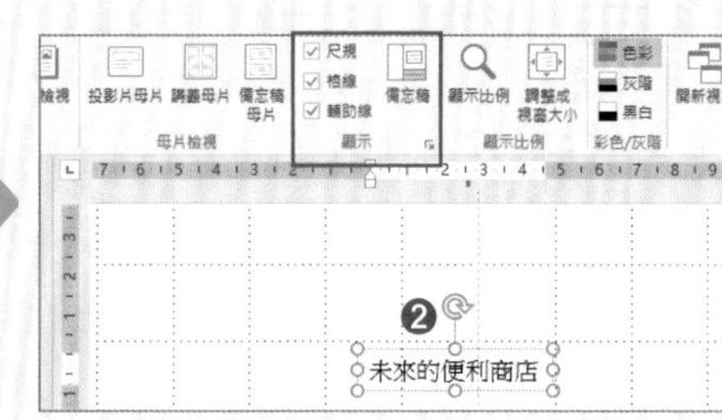

▲ ❷ 分別顯示出來了

※ 想要將元素往垂直或水平方向移動時，可按住 Shift 鍵後拖曳。

操作 2 變更格線的間距

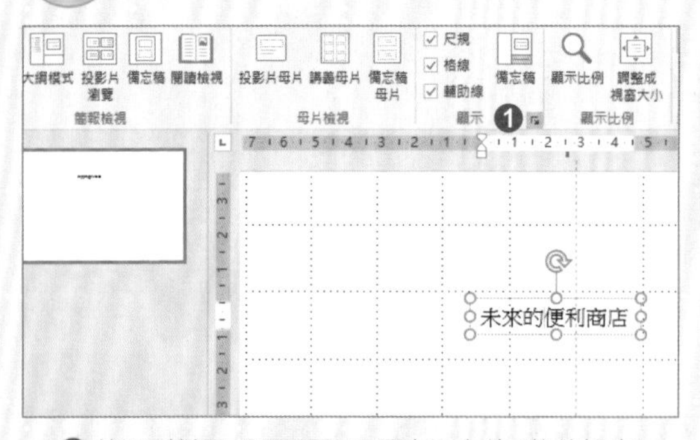

▲ ❶ 按下 [檢視] 分頁 [顯示] 區右下方的 [格線設定] 鈕 開啟交談窗

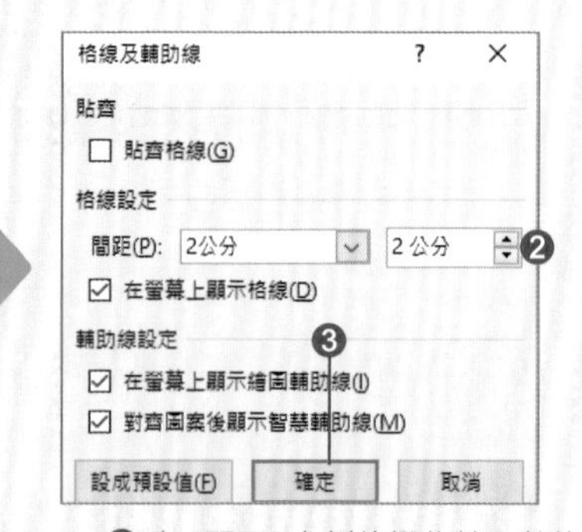

▲ ❷ 在 [間距] 右側的欄位輸入數值

▲ ❸ 按下 [確定] 鈕

※ 格線間距的預設值是 0.2 公分。覺得狹窄時可加寬為 [1 公分] 或 [2 公分]。

※ 想將元素或圖案貼齊格線配置時，可以在步驟 ❷ [格線及輔助線] 交談窗中勾選最上方 [貼齊] 區的 [貼齊格線] 項目。

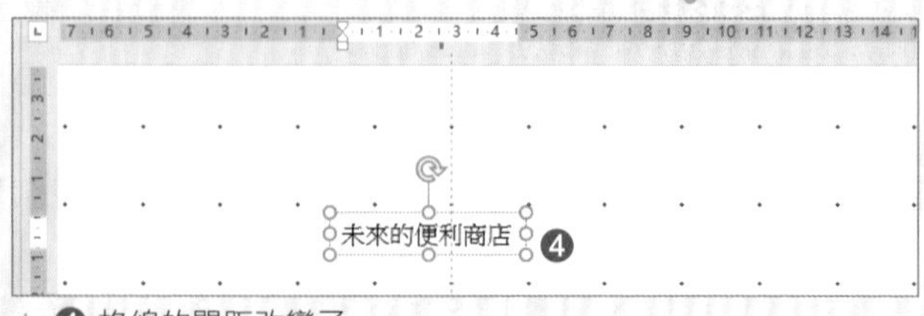

▲ ❹ 格線的間距改變了

活用井字分割線的 4 個交點
找出主角的最佳位置！

範例 1 在對角或對向的空間中取得平衡

▲ 設定適當的留白空間，營造美麗的平衡

▲ 文字不會散亂，且能巧妙運用圖像

範例 2 讓人注意到主視覺或標語

▲ 利用標語等元素，引導讀者的視線

▲ 試著讓標題傾斜配置，藉此產生變化

輕鬆決定構圖的三分構圖(井字構圖)

產生 4 個交點的方法也稱為三分構圖

這是繪畫與攝影常用的技巧唷！

若使用對稱構圖能表現穩定感與美感

對稱就是讓左右或上下結構相呼應

對稱可以產生規律性，形成均衡的構圖唷！

企劃書中的一頁：哪一個令人想要翻閱？

※標題中譯：
「想要減少空屋卻無能為力的現況」

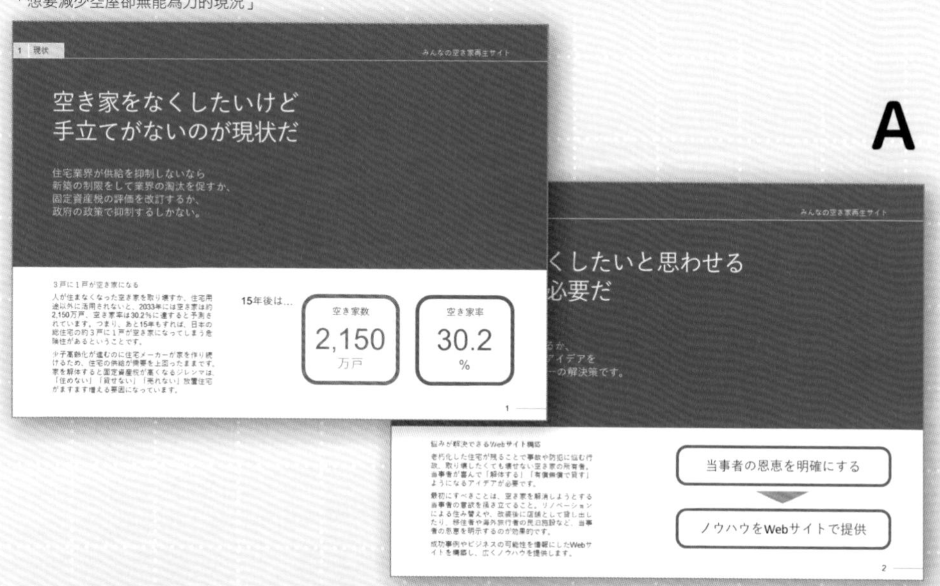

提示 同一份文件的設計要有一致性，才能讓人放心地逐頁翻閱。

A 05

Q 05 的答案　A

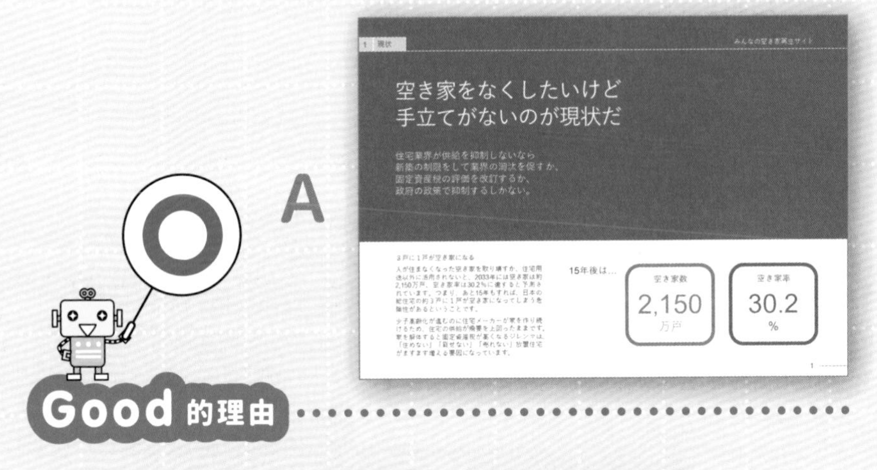

Good 的理由

○ 上方的大標題與版面設計固定，整份文件具穩定感

○ 上半部的標題與引言文字較大，容易閱讀

○ 整體配色與圖解的位置都讓人感受到一致性

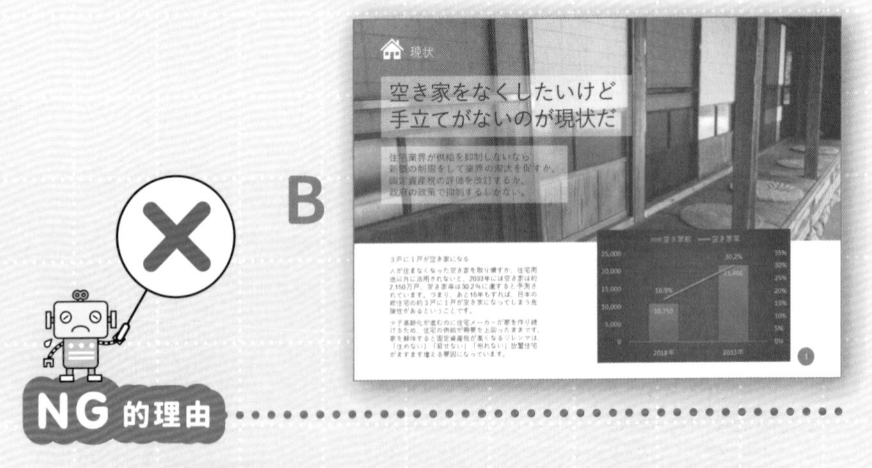

NG 的理由

✕ 照片佔據大部分版面，且連續出現在多頁，顯得不夠沉穩

✕ 矩形與圖表等元素過多，不容易閱讀

✕ 圖解的顏色和樣式與整體不搭

避免讓元素的種類或位置、樣式與配色產生不協調感！

❶ 統一元素的種類與位置，有助於迅速掌握內容！

有些基本元素會出現在每個頁面中，例如頁眉、頁碼、標題或項目編號等，這類基本元素的種類與位置建議要維持一致。若能將相同種類的元素安排在相同的位置，可幫助讀者預測翻頁後會看到的內容。能讓人很快意識到「這個地方應該會有這些內容」的設計，可讓讀者放心閱讀。

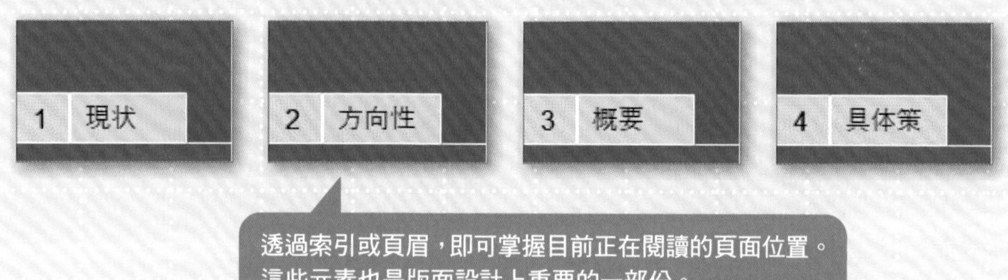

❷ 統一元素的形式與配色，避免產生不協調感

當版面看起來不協調時，請檢查相同元素是否出現「差異」。例如，同樣的圖解中混用矩形與圓形、柔和色與深色同時使用，看起來就會有點不協調。若版面上有相同元素，設法讓該元素的樣式、顏色、尺寸一致，即可產生一致性。例如，設定「圖解只使用圓角矩形」、「配色用淺色，標題用深色單色文字」等排版原則，可讓所有頁面的版面設計更加一致。

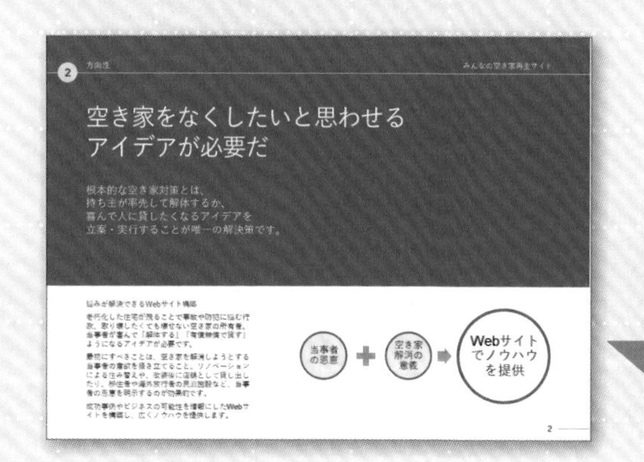

將圖案統一使用圓形。並根據「柔和」、「精神飽滿」、「美味」等企劃概念挑選適合的形狀與配色，這點也很重要！

用「複製貼上」指定元素的位置。講究細節會讓整體更美觀！

如果我們要讓頁面上所有的圖案等元素的位置一致，通常會用複製貼上的方法，但是當圖案的樣式或尺寸不同時，就必須再進一步調整才行。建議用「**設定圖案格式**」這個方法統一圖案的起始位置，整體會更賞心悅目。

操作1 用「複製貼上」的方法對齊圖案的位置

把上一頁的圖案複製、貼上到下一頁，即可配置在相同的位置。使用快速鍵更有效率！

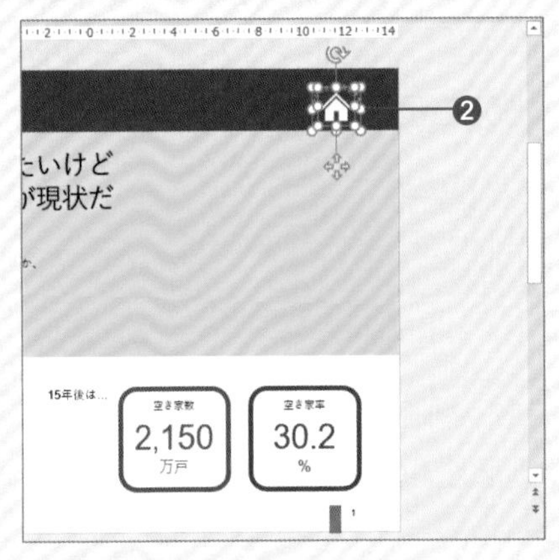

▲ ❶ 選取圖案 → ❷ 按下 Ctrl 鍵 + C 鍵複製

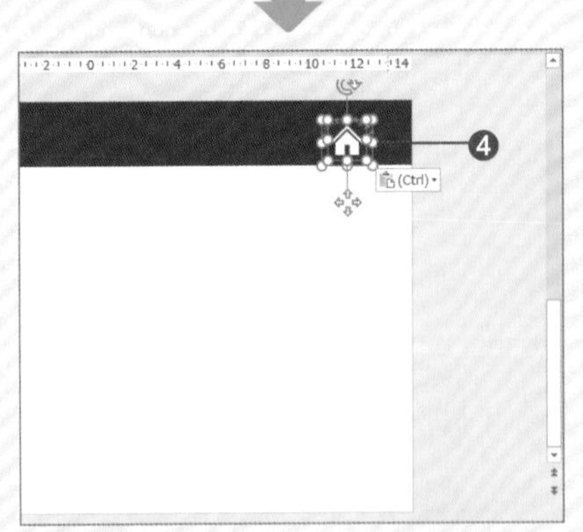

▲ ❸ 選取下一張投影片 → ❹ 按下 Ctrl 鍵 + V 鍵貼上

操作2 用「設定圖案格式」指定位置來對齊

若貼上圖案的形狀或大小和前一頁不同，可如下改變對齊的起始位置。

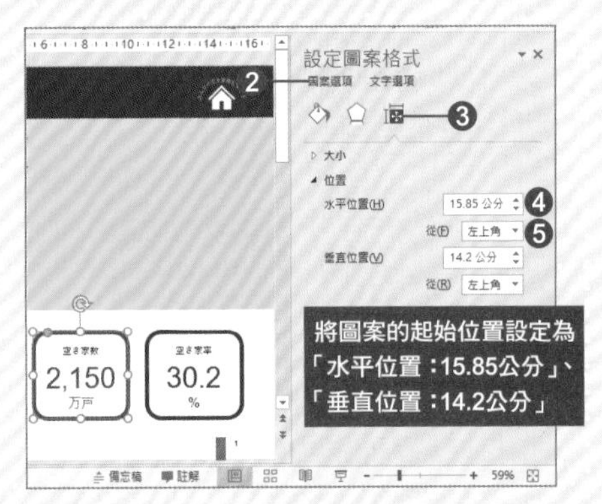

▲ ❶ 選取圖案後按滑鼠右鈕，執行『設定圖案格式』命令 → ❷ 按下［設定圖案格式］視窗的［圖案選項］鈕 → ❸ 按［大小與屬性］鈕 → ❹ 設定［位置］區的［水平位置］等項目 → ❺ 在［從］欄位設定起始位置，本例為［左上角］

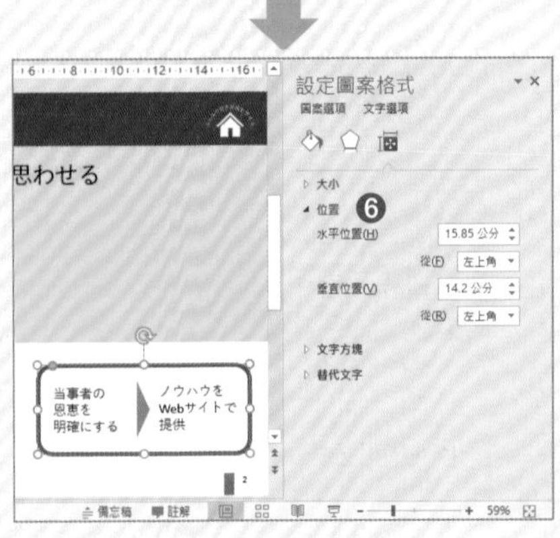

▲ ❻ 在下一頁也指定相同位置即可

多頁式企劃書
該怎麼營造一致性？

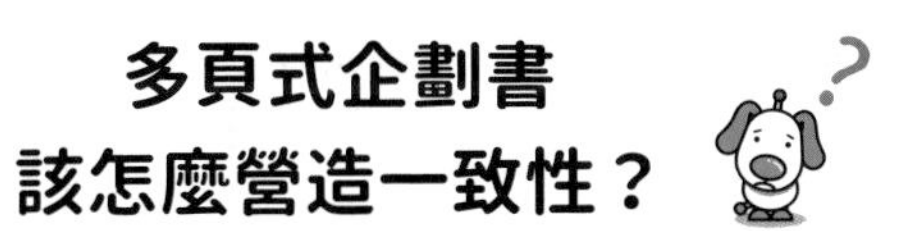

每一頁的固定元素都要一致。如果翻頁時出現微妙的誤差，將會給人草率編排的印象，這樣是不行的。相同的元素不僅要配置在相同位置，樣式也要一致。讓同樣元素反覆呈現，即可衍生**一致性**，讓人感覺有妥善規劃。

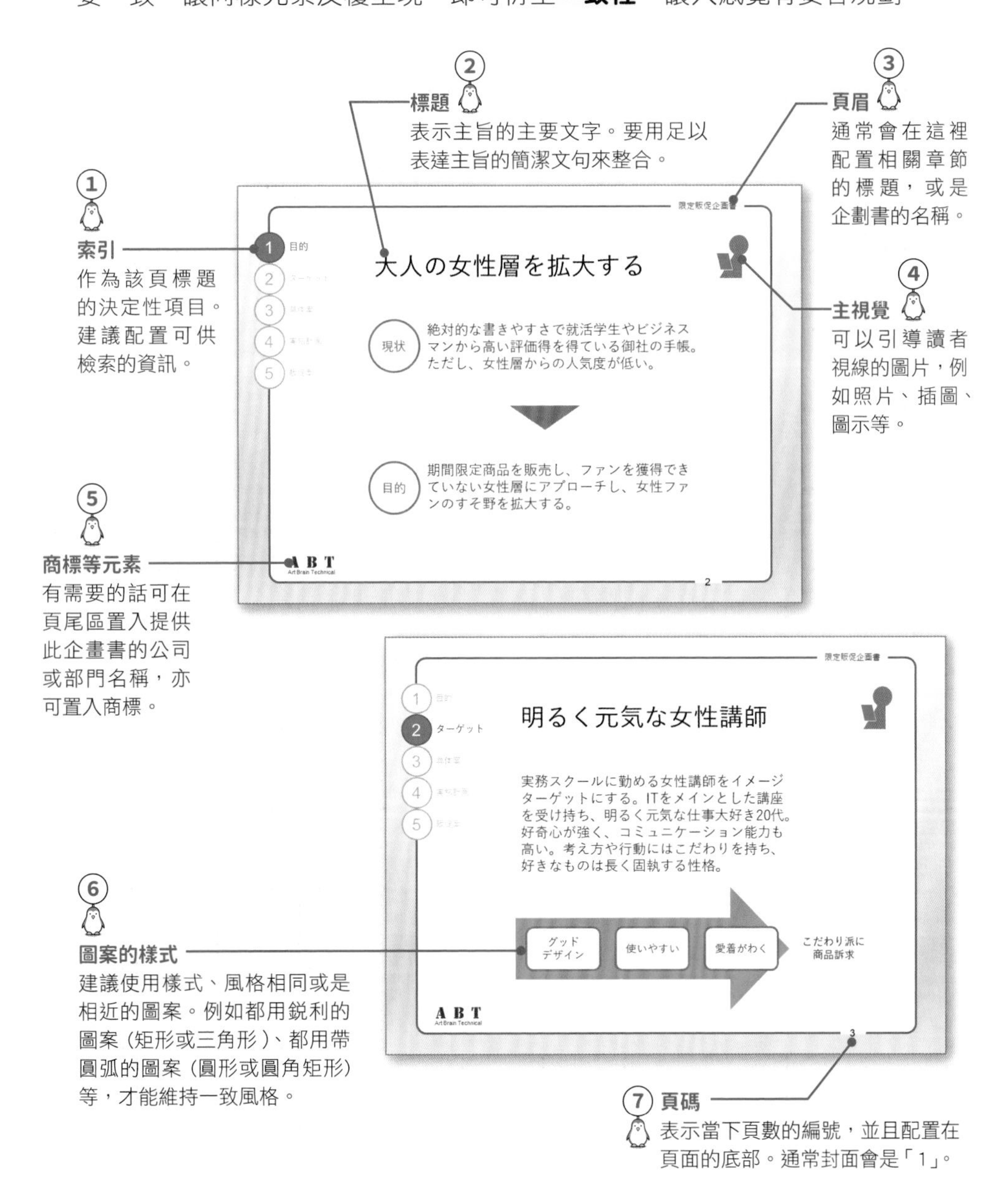

製作可一覽整體內容的索引，讓讀者安心！

索引具有檢索、查閱全文的功能，一般會使用簡短的項目，例如「目標」、「計畫」等。為了便於檢索，可在每一頁置入所有項目，標示出目前正在閱讀的頁面，並且將該頁以外的項目刷淡處理，藉此突顯目前所在位置，這樣對讀者來説會是個貼心的設計。

企劃書的「目的」頁面

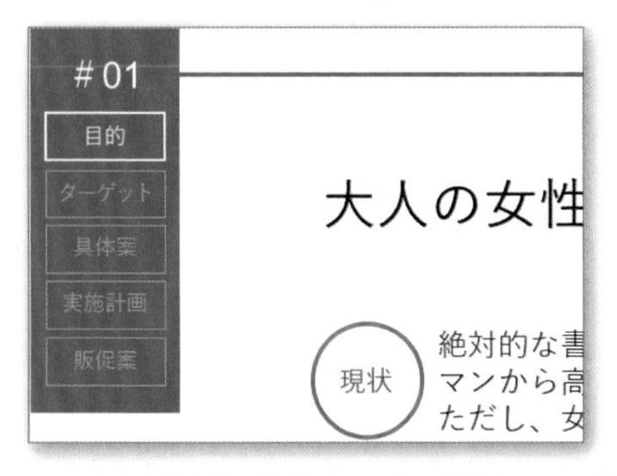

接續的「目標對象」頁面

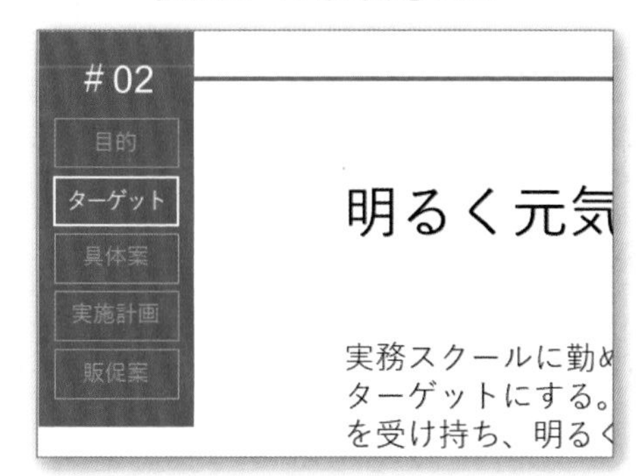

配置索引的絕佳位置，通常是頁面的左上角，不過這個慣例並非絕對。當頁面左右沒有足夠空間安排索引時，如果放在頁面的中央上方也沒關係。請依照頁面資訊量與呈現方式找出適合的位置。

索引在頁面上面的「目的」頁面

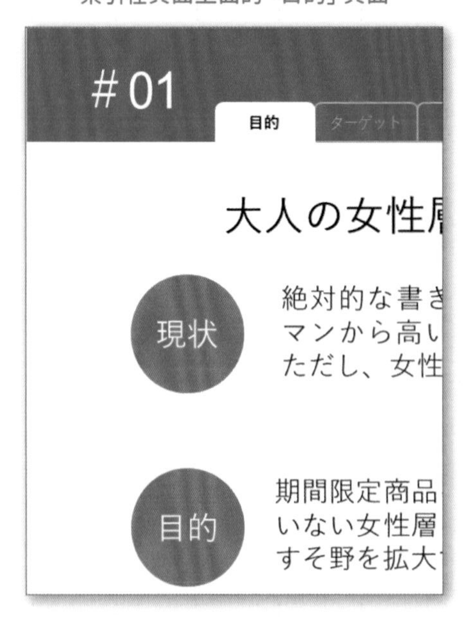

接續的「目標對象」頁面

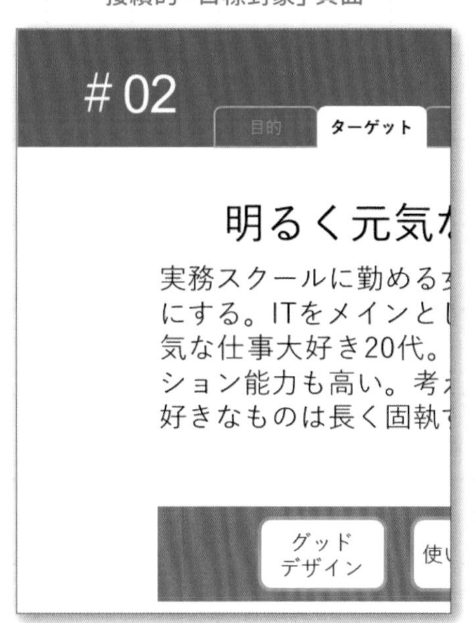

妥善設計的頁眉，具有點綴版面的效果！

頁面的右上與左下空間，是安排**頁眉**的最佳位置。
妥善設計的頁眉，不僅能濃縮整合內容，也具有裝飾版面的效果。
頁眉是所有頁面的共通元素，因此重點是要有一致性的設計。
頁眉若太過醒目，可能會影響讀者視線而削弱閱讀內文的意願。因此建議使用字級較小的淺色文字，盡量避免粗體或框線等太顯眼的設計。

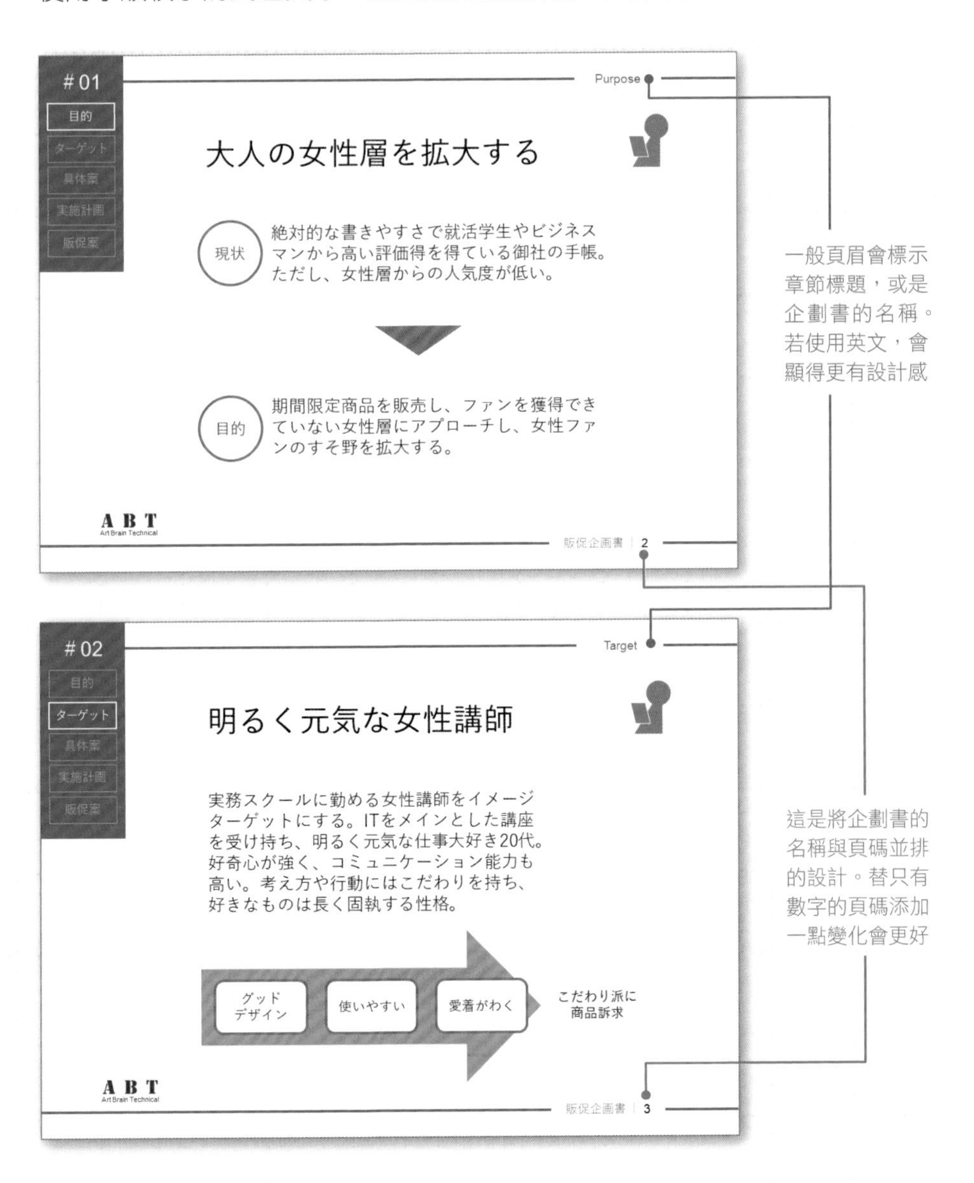

休息片刻

將資訊彙整成「易懂型資料」！

為了快速且正確地傳達資訊，「**群組化**」的技巧會非常有效。請把關聯元素集中安排，與其他元素區隔開來，這樣彙整過的資訊會更有助於掌握內容。

檢視內容，思考要整合那些元素。
重點是要符合意義！

橘色

黃色

藍色

黃綠色

❶選出同類或具有關聯性的元素

❷取出共通項目

❸捨棄不需要的資訊

❹取出共通的關鍵字作為標題

❺將關聯性強的元素集中編排

❻用線條框住或是增添背景色，讓群組更明確，或是設定歸類原則，讓所有頁面的版面編排更一致

這是版面構圖的相關文章。請從下列選項中選出正確答案，填入文章內的括弧。

排版時最常用的構圖，是透過垂直、水平線劃分版面、建立 4 個交點後，將重點元素配置在這些交點的（ ① ）。此外，如果在 4 個交點的對角處配置主角以外的元素，即可輕鬆地營造出視覺平衡。

另一方面，將欲突顯的元素配置在正中間的構圖，稱為（ ② ）。當有明確想傳達的內容時，採取這種構圖的效果會很好，但要小心避免顯得單調。

另外，若想追求穩定感的版面，則可使用（ ③ ）。在版面正中央拉出中心線,完成左右或上下對稱的設計,整體可讓人感受到穩定感與秩序。

要決定照片或圖案的尺寸時，有一個常用的技巧，是活用名畫「蒙娜麗莎」或帕德嫩神殿用過的（ ④ ）。善用這種「1:1.618」的比例，可打造出任誰看了都會覺得美的構圖。

Ⓐ：二分構圖	Ⓕ：放射線構圖	Ⓚ：黃金比例
Ⓑ：井字構圖	Ⓖ：中心構圖	Ⓛ：青銅比例
Ⓒ：對角線構圖	Ⓗ：三明治構圖	
Ⓓ：三角形構圖	Ⓘ：對稱構圖	
Ⓔ：曲線構圖	Ⓙ：白銀比例	

問題 A 的答案

①：B　②：G　③：I　④：K

請仔細思考用哪一種構圖最能傳達訊息！

❶ 井字構圖 (三分構圖)

把整個版面用井字分割後產生 4 個交點，然後在這些交點上配置重要的設計元素，可提升穩定感，這種構圖稱為**井字構圖**或**三分構圖**。這是能夠取得視覺平衡的穩定構圖，建議參照 Q04 (第 33 頁)。

▲ 上下對稱的對稱構圖。賦予配色及文字對比，使訊息更醒目

❷ 中心構圖

把主角配置在畫面正中央稱為**中心構圖**，既簡單又能夠傳達主角的魅力。不過這種構圖會有點單調，較難引導讀者的視線。

❸ 對稱構圖

若採取左右對稱或上下對稱的方式來配置各元素，稱為**對稱構圖**。採取這種構圖會讓元素顯得井然有序，因此可以讓人感受到信賴感、安心感與美感。

❹ 黃金比例

黃金比例就是以「1:1.618」的比例來配置元素，或是用來決定照片及圖案的比例，此技巧常用於建築、繪畫、雕刻等作品，可形成具穩定感與沉穩感的美麗版面。

▲ 上下半部的比例、照片的長寬比例，都是採取黃金比例來編排

這是美體沙龍的改裝優惠傳單。
哪一張的設計比較容易理解？

1

2

3

問題 B 的答案 ❸

若有提供給不同客群的內容，建議群組化！

❶ 這個設計是把金額與折扣單純地編排成條列式的項目。缺乏引誘消費者「上門光顧」的設計巧思。

❷ 雖然文字大小與顏色有變化，但是無法一眼辨識「什麼樣的人有什麼樣的特別優惠」。目標對象與內容的連結並不明確。

❸ 活用框線將內容**群組化**，分為從未光顧的「潛在客群」、首次光顧的「新客」，以及經常光顧的「常客」這 3 種類別，一眼就能看出對應的優惠。要迅速地傳達多種類別的資訊時，群組化是很實用的技巧（可參照第 44 頁）。

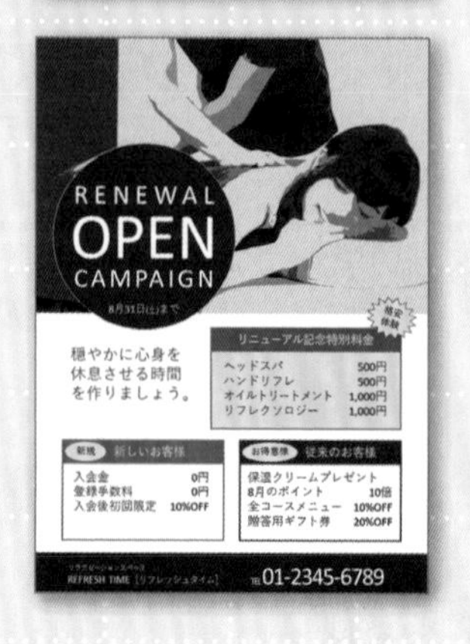

選擇符合內容的字體來設計！

無論是做簡報或是平面設計，一定會使用到文字。使用文字時，有很多細節需要注意，包括字體、字級、粗細等，為了有效地傳達訊息，絕不可掉以輕心。請試著根據要表達的內容，挑選適合的字體、設定合宜的大小和位置吧！如此一來，即可發揮文字的力量，將內容順利地傳達給讀者。

本章會帶著你理解文字的各種呈現方式，希望達成「文字引人入勝」、「讓文字魅力橫生」的成果。

字體的種類
歐文字體
字級與強調
標題
行距／字距

[字型] 選單
左右對齊／拼字檢查
文字的變形／上色
將文字儲存為圖像
縮排與行距

Q 06

促銷活動的企劃書：哪一份文件比較好讀？

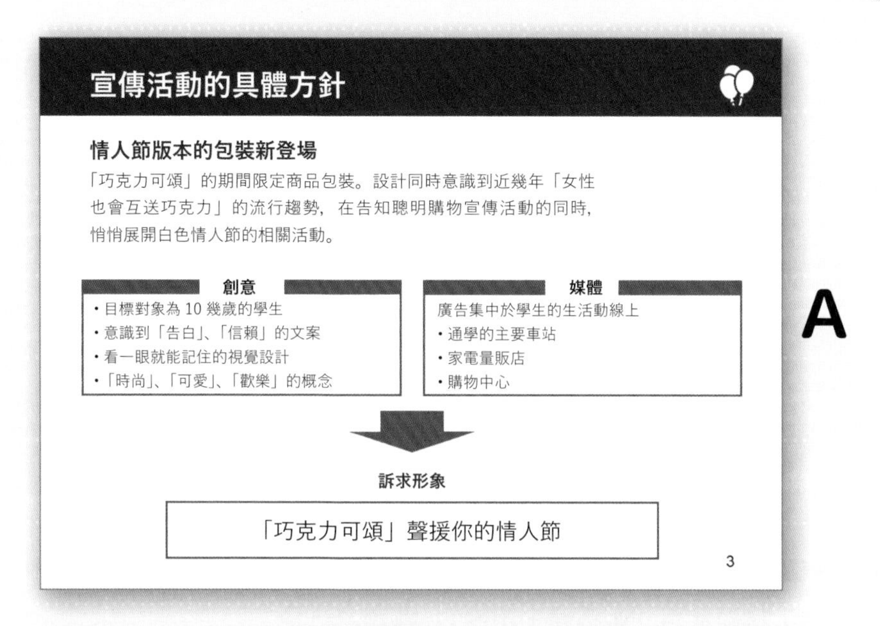

A

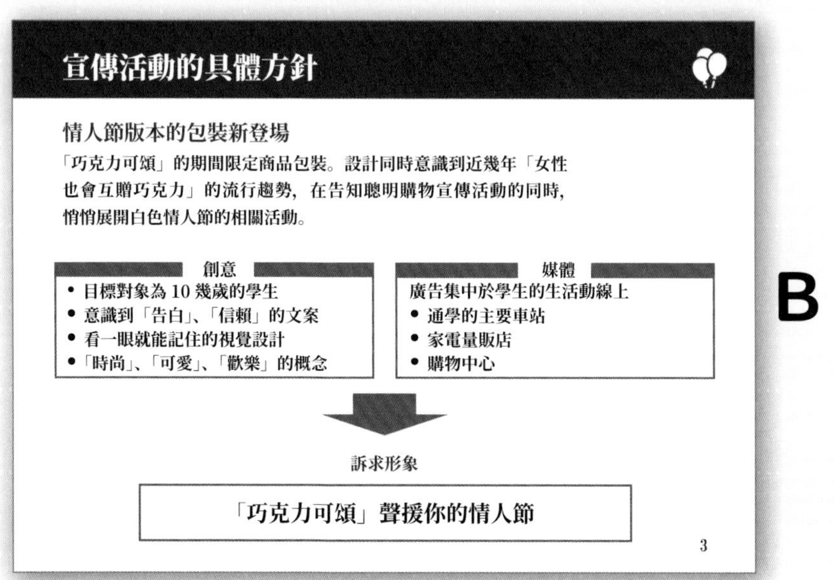

B

提示 既然是「情人節」，比較適合搭配氣氛輕鬆的字體。

A 06

Q 06 的答案 A

A

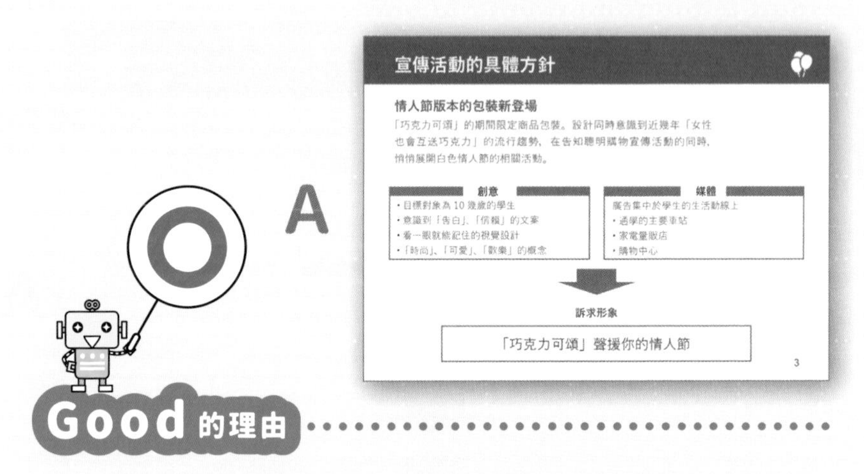

Good 的理由

○ 內文使用「游黑體（Yu Gothic）」字體，帶來柔和與輕快感

○ 雖然文章略長也毫無雜亂感，易於閱讀

○ 標題使用「游黑體＋粗體」，震撼力十足

B

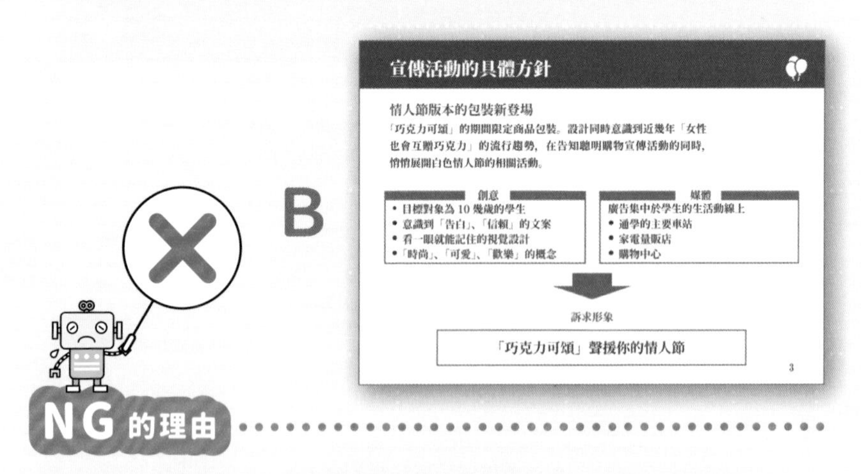

NG 的理由

✕ 使用「思源明體」風格較為拘謹嚴肅，不太適合「情人節」

✕ 使用「明體」字時，筆劃多的中文字可能會難以閱讀

✕ 過多粗體文字密集排列，導致整個版面顯得黑壓壓一片

先了解字體的特徵，再思考用何種字體「傳達效果最佳」！

1 挑選符合傳達內容的適當字體

中文字體可以大致分為「**黑體**」與「**明體**」，**黑體的特徵是筆畫粗細一致**，因此無論放大縮小都很容易辨識；**明體的特徵則是筆畫有輕重粗細的變化**，給人端正優美的印象。通常字體的設計都會帶有特定**風格**，建議依照內容挑選符合的字體，例如訴求「朝氣」、「細緻」或「可愛」的內容，若選擇類似風格的字體，會更容易傳達這種感覺。

黑體文字容易辨識，視認性良好，因此在觀眾和螢幕有距離的提案會議，或是想要局部強調重點時，都很適用

MS P ゴシック
愛あるデザインと書体

HG ゴシック E
愛あるデザインと書体

HGS 創英角ゴシック UB
愛あるデザインと書体

明體給人纖細柔和的印象，逐字逐行地閱讀也不易感到疲累，是易讀的字體，適合用於文字量多的文章內文

MS 明朝
愛あるデザインと書体

HG 教科書体
愛あるデザインと書体

HGP 行書体
愛あるデザインと書体

2 推薦設定粗體也不會崩壞的「游黑體」

在眾多字體中，筆者特別愛用「**游黑體（Yu Gothic / 游ゴシック）**」，這是 Windows 日文系統的內建字體（若電腦中沒有，可參考第 55 頁的方法下載）。游黑體的字體較大，而且即使設定粗體也不會破壞結構。同樣地，「**Meiryo**」也是兼具視認性與易讀性的萬能字體。

「游黑體」效果如圖，若覺得文字太細，可套用不同的字重，例如「Medium」

游黑體（Yu Gothic）
美しくエレガントな書体

游黑體（Yu Gothic）Light
美しくエレガントな書体

游黑體（Yu Gothic）Medium
美しくエレガントな書体

「Meiryo」的特色是帶點圓弧、輕快感，「Meiryo UI」則是與小字搭配佳的字體

Meiryo
美しくエレガントな書体

Meiryo UI
美しくエレガントな書体

覺得字體不太合適時，就果斷地換成其他字體吧！

製作簡報時，如果對使用中的字體不太滿意，就試著變更為其他的字體吧！操作上，只要下拉「字型」選單，從中選擇欲套用的字體即可。倘若需要變更的文字較多，或是不確定文字所在處時，也可以使用統一置換的方法。

※ 譯註：在本書中，「字體」是指各種不同的字體設計，例如「黑體」；而「字型」是指電腦中安裝的字型檔案名稱與功能，例如「字型選單」，特此說明。

操作1 變更字型

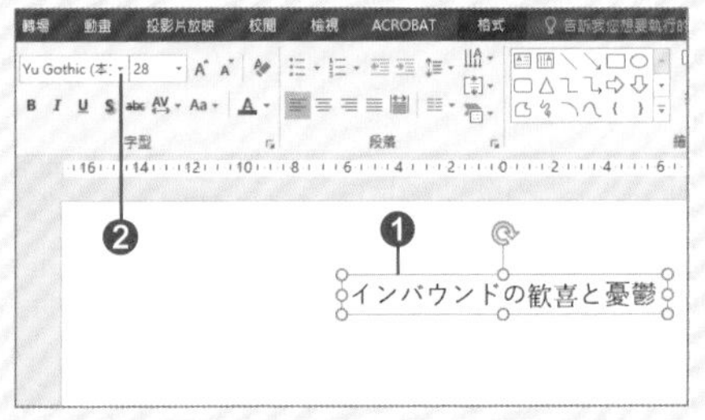

▲ ❶ 選取文字或文字方塊
❷ 按下 [常用] 分頁 [字型] 區中 [字型] 選單的 ▾ 鈕

▲ ❸ 選取欲套用的字型

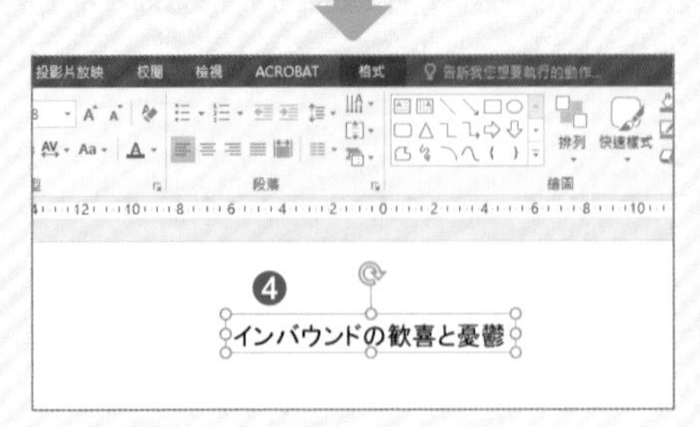

▲ ❹ 套用的字型改變了

操作2 取代字型

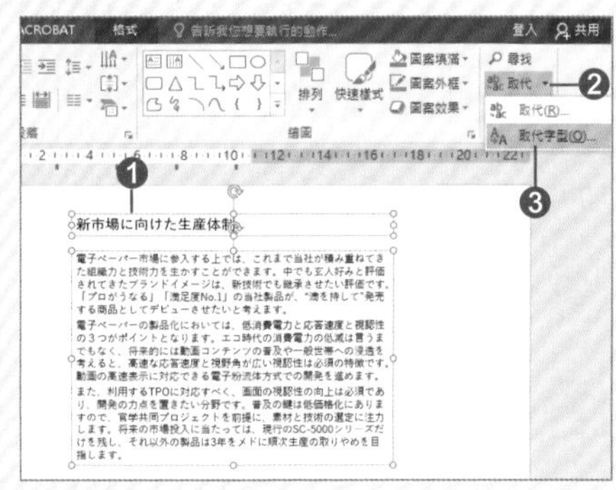

▲ ❶ 選取文字或文字方塊
❷ 按下 [常用] 分頁 [編輯] 區中 [取代] 選單的 ▾ 鈕
❸ 執行『取代字型』命令

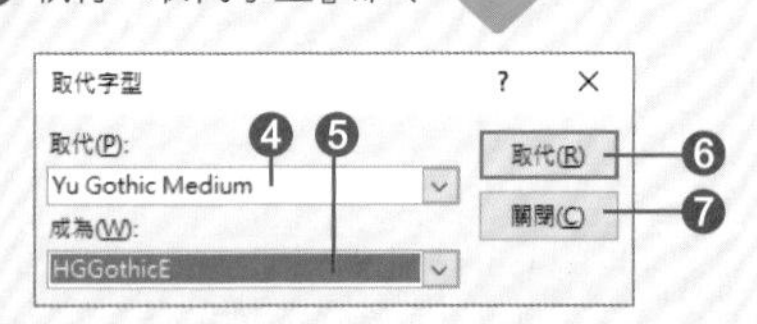

▲ ❹ 按下 [取代] 選單旁的 ▾ 鈕選擇字型
❺ 按下 [成為] 選單旁的 ▾ 鈕選擇字型
❻ 按下 [取代] 鈕
❼ 按下 [關閉] 鈕

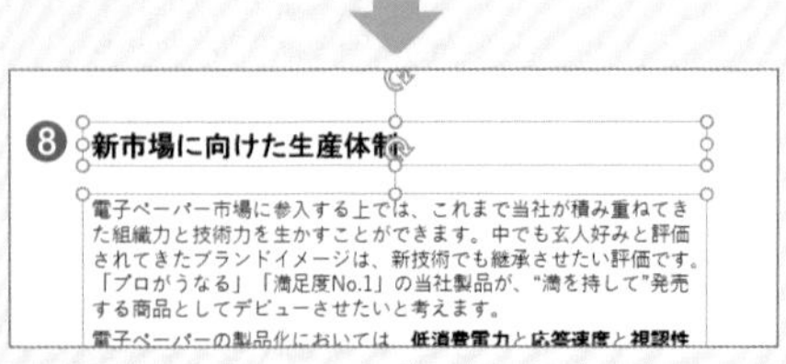

▲ ❽ 字型置換了

※ 若先將游標移至欲變更的文字上，則步驟 ❹ 的 [取代] 選單會顯示對應的字型。

試著從 Windows 下載中心 下載字型吧！

Windows 系統和 Office 軟體在安裝後就會內建多種字型，但字型的種類有版本的差異。若有需要，我們也可以自行下載和安裝需要的字型。接著就以前面介紹過的「游黑體（Yu Gothic / 游ゴシック）」為例，説明下載和安裝的方式。你可以直接打開瀏覽器搜尋「Yu Gothic Yu Mincho Font Pack」，即可找到 Windows 的下載頁面。

操作 安裝「游黑體 / Yu Gothic 字體包」

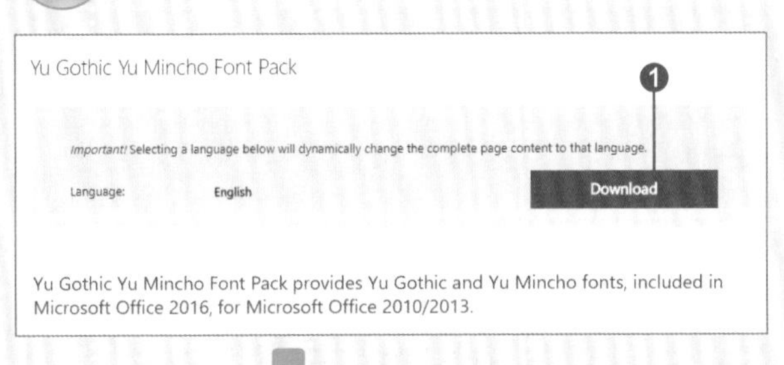

◀ ❶ 按下該頁的 [Download] 鈕

▲ ❷ 下載完成後，雙按此安裝圖示即可安裝。
※若出現錯誤訊息，請檢查電腦中是否已安裝過「Yu Gothic / 游ゴシック」字型。

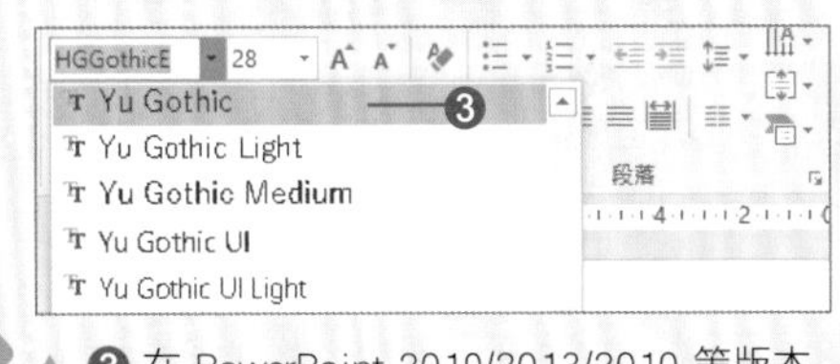

▲ ❸ 在 PowerPoint 2019/2013/2010 等版本開啟 [字型] 選單，確認已成功安裝

請不要說「隨便哪個字體都可以……」，請選出符合形象的字體吧！

推薦用於內文的字體

黑體　強而有力、俐落、悠閒的印象

游黑體（Yu Gothic）
素敵な文字でレイアウト

HGP Gothic M
素敵な文字でレイアウト

Meiryo
素敵な文字でレイアウト

HGS 創英角 Gothic UB
素敵な文字でレイアウト

MS Gothic
素敵な文字でレイアウト

游黑體中也包含多個種類

Yu Gothic
ハッピーな晴天

Yu Gothic Medium
ハッピーな晴天　比 Yu Gothic 的文字寬度窄的字體

Yu Gothic UI
ハッピーな晴天　比 Yu Gothic 粗的字體

Yu Gothic UI Semibold
ハッピーな晴天　比 Yu Gothic UI 粗的字體

明體　纖細、穩重、優雅的印象

游明朝體（Yu Mincho）
桜　麗　ア
親譲りの無鉄砲で子供の時から損ばかりしている。

UD Digi Kyokasho N-R※1
桜　麗　ア
親譲りの無鉄砲で子供の時から損ばかりしている。

MS Mincho
桜　麗　ア
親譲りの無鉄砲で子供の時から損ばかりしている。

MS P Mincho
桜　麗　ア
親譲りの無鉄砲で子供の時から損ばかりしている。

請挑選容易閱讀、容易辨識的字體吧！

※1「Windows 10 Fall Creators Update」新增的字體

存在感強烈、很有個性的字體

行書體、楷書體等

和風、嚴謹、傳統的印象

HG行書体

祥南行書体

有澤楷書

HG正楷書体-PRO

江戸勘亭流

麗流隷書

圓黑體、POP 體等

可愛、流行、便宜的印象

AR P丸ゴシック体M

HG丸ゴシックM-PRO

HGP創英角ポップ体

富士ポップ

たぬき油性マジック ※2

ドーナツショップ。※2

教科書體

手寫、學校、規矩的印象

HG教科書体

HGP教科書体

UD デジタル 教科書体 N-R

UD デジタル 教科書体 NK-R

UD デジタル 教科書体 NP-B

※2 開放式字體(Open Font)

使用的建議是
用在強調處就好！

遲遲無法決定字體時該怎麼辦？

① 挑選重點是足以展現訊息的魅力

通常的搭配原則是，閱讀用內文大多使用「明體」，需要從遠處看螢幕的簡報常使用「黑體」，但是這類的潛規則**並非絕對**。

請仔細思考簡報的內容、資料的主旨、目標聽眾與會議場所，（在無損閱讀性的情況下）挑選出能順利傳達並具有魅力的字體。

② 試試萬用百搭字體游黑體或 Meiryo

前面介紹過的「**游黑體（Yu Gothic / 游ゴシック）**」，是一款易於逐字閱讀的字體。因為具備沉穩的印象，不論是簡報或是內文都適用。

此外，**Meiryo** 也是一款視認性佳的字體，還有「**游明朝體（Yu Mincho / 游明朝体）**」也是不錯的選擇。當你挑選字體感到困惑時，使用上述字體是簡單快速的解決對策。

有些人也會選用 Windows 內建的「MS Gothic」或「MS Mincho」，不過筆者認為這兩種字體比較缺乏現代感，仍建議大家優先使用游黑體。

SNSもInstagramもやっていな
の意識の中に、ようやく入り
スタ映え」。それもつかの間、
は、きらびやかな世界を演出
が廃れはじめているという。

▲ 沉穩秀麗的游黑體。套用在英數字上面看起來也很協調自然

SNSもInstagramもやってい
の意識の中に、ようやく入り
スタ映え」。それもつかの間、
は、きらびやかな世界を演出
が廃れはじめているという。

▲ 略帶圓弧的 Meiryo，是一款散發著柔和與時尚感的字體

SNSもInstagramもやっていな
の意識の中に、ようやく入り
スタ映え」。それもつかの間、
は、きらびやかな世界を演出
が廃れはじめているという。

▲ 游明朝體兼具傳統典雅與現代明快感

Q 07

新事業的提案資料：
哪一份資料比較好讀？

※ 標題中譯：「日本漁業正在復甦 - 養殖業是正在成長的產業」

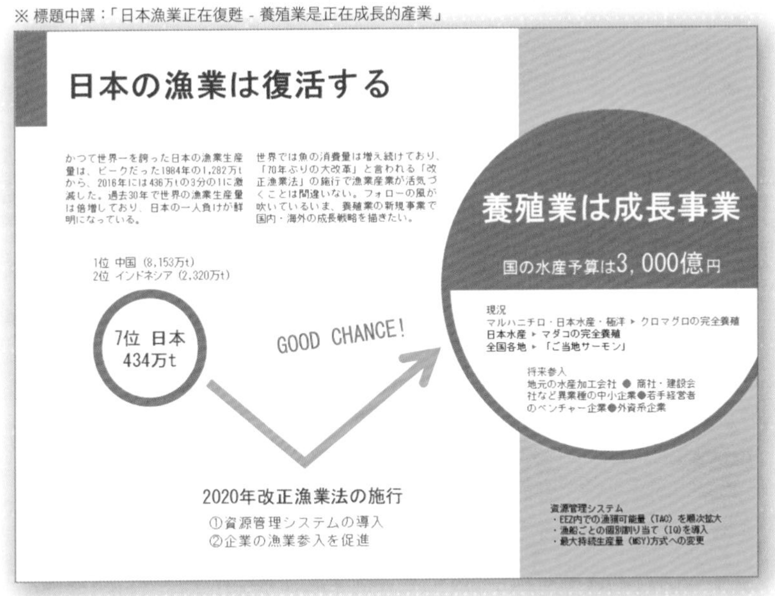

A

日本の漁業は復活する

かつて世界一を誇った日本の漁業生産量は、ピークだった1984年の1,282万tから、2016年には436万tの3分の1に激減した。過去30年で世界の漁業生産量は倍増しており、日本の一人負けが鮮明になっている。

世界では魚の消費量は増え続けており、「70年ぶりの大改革」と言われる「改正漁業法」の施行で漁業産業が活気づくことは間違いない。フォローの風が吹いているいま、養殖業の新規事業で国内・海外の成長戦略を描きたい。

1位 中国（8,153万t）
2位 インドネシア（2,320万t）

7位 日本
434万t

GOOD CHANCE!

2020年改正漁業法の施行
①資源管理システムの導入
②企業の漁業参入を促進

養殖業は成長事業
国の水産予算は3,000億円

現況
マルハニチロ・日本水産・極洋 ▶ クロマグロの完全養殖
日本水産 ▶ マダコの完全養殖
全国各地 ▶ 「ご当地サーモン」

将来参入
地元の水産加工会社 ● 商社・建設会社など異業種の中小企業●若手経営者のベンチャー企業●外資系企業

資源管理システム
・EEZ内での漁獲可能量（TAC）を順次拡大
・漁船ごとの個別割り当て（IQ）を導入
・最大持続生産量（MSY)方式への変更

B

提示　當中、日文字與英數字並存時，字體協調的文章會比較容易閱讀。

A 07

Q 07 的答案 B

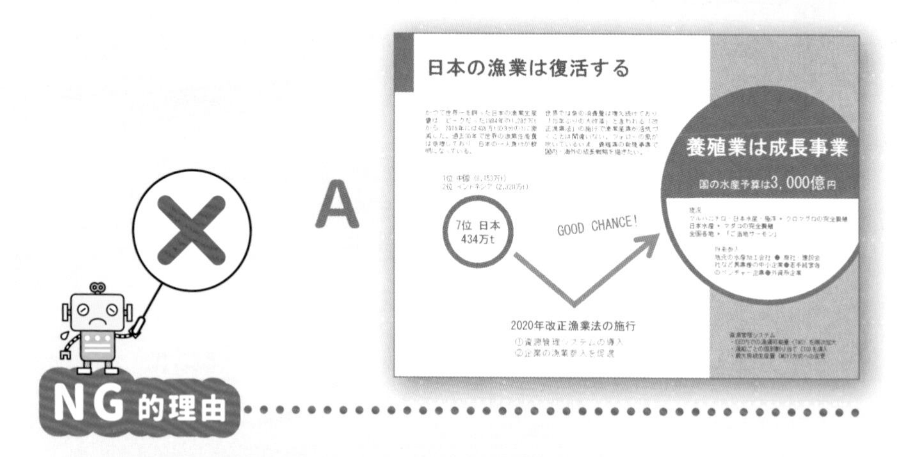

✕ MS Gothic 字體呈現的氣氛有點過時

✕ 筆劃多的文字，若設定為粗體，會破壞字面結構

✕ 選擇的英數字體不太對，與漢字、日文字格格不入

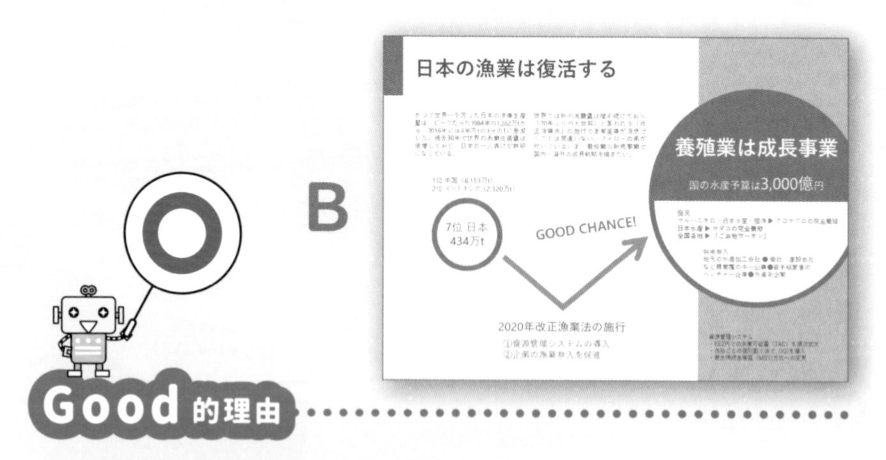

○ 文字使用游黑體，具有沉穩俐落的印象

○ 筆劃多的文字，即使設定為粗體，一樣漂亮美觀

○ 英數字使用「Segoe UI」字體，與漢字、日文字很搭

挑選與中、日文字體搭配的歐文字體，讓易讀性大幅提升！

① 文章裡的英數字，請使用歐文字體

文章裡難免會出現的英文與數字，若直接套用中文或日文字體，英數字的型態與間距將會顯得不自然，給人失衡的感覺。不論是單獨使用，或是在中英文夾雜時，請謹記：**英數字要套用歐文字體**。

歐文字體是為了英數字量身打造，因此將英數字套用歐文字體，設計美感與易讀性都會相對提升。另外要注意的是，英數字通常會使用半形。

▼ 日文字為游黑體、英文字為 Calibri，結果套用 Calibri 的文字看起來比較小

✕ 売上130%はNetとRealの両方が必要だ
Calibri　Calibri　Calibri

▼ 日文字為游明朝體，英文字為 Arial 字體，兩者風格不同，且 Arial 字體的線條看起來比較粗

✕ 売上130%はNetとRealの両方が必要だ
Arial　Arial　Arial

▼ 無論日文字或英數字都套用 MS Gothic 字體，結果字距參差不齊，很難閱讀

✕ 売上130%はNetとRealの両方が必要だ

② 挑選與中文搭配性佳的歐文字體

文章內同時有英數字時，設法讓中文與英數字協調很重要。歐文字體也有許多種類，請選出文字風格、大小、粗細搭配性佳的字體。例如**游黑體**與 **Segoe UI** 的搭配性佳，**Meiryo** 套用在英數字上也不會讓人感到不自然。

▼ 游黑體與 Segoe UI Light 的組合。平衡性相當良好

○ LTE100倍が創る5Gの世界
Segoe UI Light　Segoe UI Light

▼ 比上述字體稍微粗一點，變成游黑體（Medium）與 Segoe UI 的組合

○ LTE100倍が創る5Gの世界
Segoe UI　Segoe UI

▼ Meiryo 字體大而美且具現代感。套用於漢字與英數字的可讀性都很好

○ LTE100倍が創る5Gの世界

挑選與中日文字體搭配
都很協調的歐文字體！

字體能改變設計的形象，甚至能改變訊息的傳達方式。請大家要挑選符合資料內容的中文字體和歐文字體，以免不協調感影響閱讀。底下特別彙整適合與**游黑體**、**Meiryo**、**Yu Mincho** 都很搭的歐文字體。請特別注意，英數字套用的字體效果，會隨著文字大小或粗體等加工，以及文字量或是設計而有所改變，因此建議先熟記以下的參考基準。

挑選歐文字體時的參考基準

中日文字體

黑體

あ永 あ永

Yu Gothic Meiryo

視覺優先的資料

主要用於彰顯標題或關鍵字

- 簡報投影片
- 傳單
- 型錄
- 海報等

Aa123 Aa123

Segoe UI Arial

無襯線體（Sans-Serif）

其他還有 Verdana 或 Century Gothic 等字體

無襯線體是沒有裝飾線的均等字體

歐文字體

挑選基準	具體的歐文字體挑選方法
使用風格相似的字體	用黑體搭配無襯線體，用明體搭配襯線體
使用大小相似的字體	不要挑選英數字看起來異常小的字體
使用粗細相似的字體	不要挑選中文和英數字粗細不同的字體

中日文字體

明體

あ永

Yu Mincho

閱讀優先的資料

Aa123

Cambria

Aa123

Century

襯線體(Serif)

其他還有 Times New Roman 或 Palatino Linotype 等字體

主要用於文字量多的說明文件

- 企劃書
- 提案書
- 報告
- 摘要等

歐文字體　襯線體是文字筆畫有裝飾線的字體

中日文和英文的文字位置不同，
挑選字體時請留意高低差！

編排文字時，有個細節不可忽略，那就是中日文和英文的文字位置不同。中文字體的設計是佈局在矩形範圍內（**字身框**），歐文字體則是沿著基準線（**基線**）設計，且線段的間隔會隨字體而有所差異。

由於中文、歐文字體的基準並未落在相同位置上，因此文字的位置（高度）無法對齊，會呈現明顯的高低差異，給人平衡性不佳的印象。挑選字體時，請留意行內的文字位置是否均等。

《黑體與無襯線體的組合》

游黑體(Medium)與 Century Gothic 的搭配

ウケるPancakeは1,500円台が主流だ。

▲ 英文字使用 Century Gothic 字體，圓弧與端點裝飾讓人印象深刻。每個字都清楚易讀

游黑體的粗體與 Arial 粗體的搭配

『まるごとPASTA図鑑2019年版』刊行

▲ Arial 字體設定粗體也不會破壞結構，可製作具震撼力的標題

Meiryo 與 Segoe UI 的搭配

20代、30代の年金額はHow Much?

▲ 兩者都是視認性佳的字體，粗體的平衡性也很協調

《明體與襯線體的組合》

游明朝體與 Palatino Linotype 的搭配

5月24日(金)午後3時からThanks Saleを開催!

▲ 用古典風格的 Palatino 字體，使人能流暢閱讀，這樣的搭配也很有意思

游明朝體 (Demibold) 與 Times New Roman 的搭配

Farmer's inn「緑の庵」2019年秋オープン!

▲ 要展現品味，可使用 Times New Roman 字體

游明朝體與 Century 的搭配

USB-Cなら約20分でスピード充電できる

▲ 熟悉的 Century 字體，搭配尺寸和粗細相近的明體，會有協調的效果

仔細思考使用的字體，藉此控制版面呈現的印象！

範例1 用字面大且具現代感的字體營造積極主動的印象

Meiryo 粗體　Segoe UI Semibold

日文使用「Meiryo」，英文使用「Segoe UI」

傳達健康、歡樂氣氛的照片

範例2 用具傳統感的字體營造沉著穩重的印象

游明朝體＋粗體

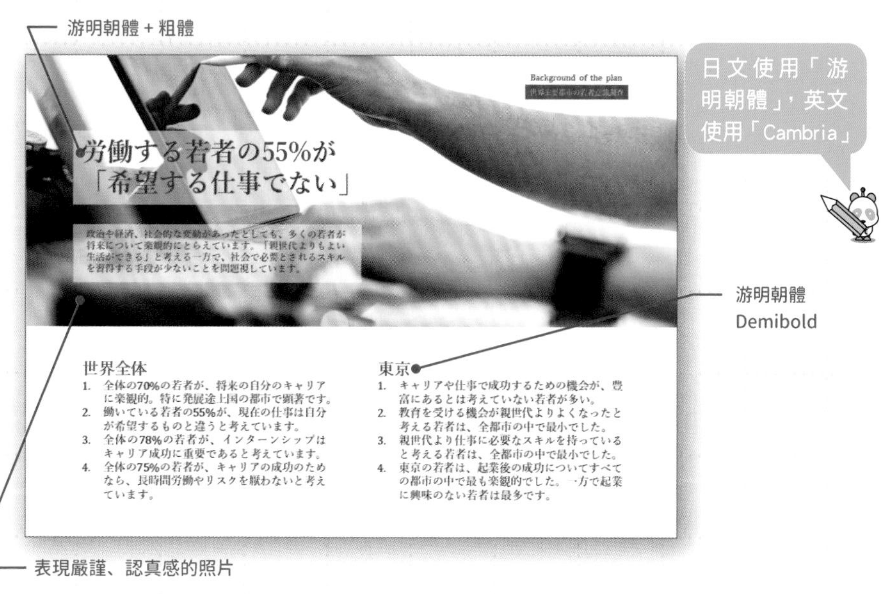

日文使用「游明朝體」，英文使用「Cambria」

游明朝體 Demibold

表現嚴謹、認真感的照片

要讓文章輕鬆好讀，請讓文句的結尾工整對齊！

要讓文章更好讀，除了注意字體的挑選，也請設法讓文章更整齊美觀吧！建議運用「**左右對齊**」的設定，可以調整文句的結尾處，讓右邊對齊，讓文章整體顯得更工整。完成後，也可用「拼字及文法檢查」功能來校對。

操作 1 用「左右對齊」功能對齊行末

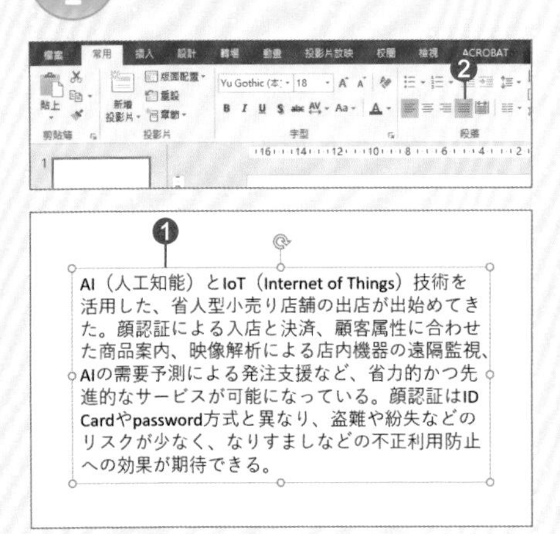

▲ ❶ 選取文字方塊
❷ 按下［常用］分頁［段落］區的［左右對齊］鈕

AI（人工知能）とIoT（Internet of Things）技術を活用した、省人型小売り店舗の出店が出始めてきた。顔認証による入店と決済、顧客属性に合わせた商品案内、映像解析による店内機器の遠隔監視、AIの需要予測による発注支援など、省力的かつ先進的なサービスが可能になっている。顔認証はID Cardやpassword方式と異なり、盗難や紛失などのリスクが少なく、なりすましなどの不正利用防止への効果が期待できる。

▲ ❸ 使行末的文字工整排列

操作 2 拼字及文法檢查

▲ ❶ 請按下［校閱］分頁［校對］區的［拼字及文法檢查］鈕

▲ ❷ 一旦發現拼字錯誤，工作窗格相對位置就會反白顯示
❸ 想要置換為校對的候選單字時，請按下［變更］鈕

※ 步驟 ❸ 若不想修改，請按下［略過］鈕。如果還有其他需要校對的拼字或文字時，可繼續使用校對功能。

推廣腳踏車魅力的資料：哪一份資料比較好讀？

自転車の魅力

●空気を汚さない
地球環境を汚す最大の原因はクルマの排気ガス。二酸化炭素は、地球温暖化や酸性雨の原因にもなっている。一方、自転車は空気を汚さず、「地球にやさしい乗りもの」なのです。

●楽しみながら健康に効く
自転車に乗って走ることは、酸素を吸って運動すること。ラクなスピードで走っているうちに、心臓や肺が少しずつ強くなり、体のむだな脂肪も減って、健康にとてもよいのです。

●いろいろな発見ができる
自転車なら、歩くよりずっと遠くまで行けるから、いろいろな発見ができて、心もリフレッシュ。ゆっくり走れば、ひざや足や腰も疲れず、気持ちいいスピード感を楽しめます。

●手軽に乗れて場所をとらない
近くへ移動するなら、迷わずに自転車で決まりです。自動車のように交通渋滞や事故を減らすことにもなります。でも、だからといって「迷惑駐輪」には注意しましょう。

●エネルギー効率が最高
人間の力だけで走る自転車。これほど人間に近い乗りものはありません。しかも、あらゆる動物や動く機械のなかで、一番上手にエネルギーを使っている装置なのです。

A

自転車の魅力

空気を汚さない
地球環境を汚す最大の原因はクルマの排気ガス。二酸化炭素は、地球温暖化や酸性雨の原因にもなっている。一方、自転車は空気を汚さず、「地球にやさしい乗りもの」なのです。

楽しみながら健康に効く
自転車に乗って走ることは、酸素を吸って運動すること。ラクなスピードで走っているうちに、心臓や肺が少しずつ強くなり、体のむだな脂肪も減って、健康にとてもよいのです。

いろいろな発見ができる
自転車なら、歩くよりずっと遠くまで行けるから、いろいろな発見ができて、心もリフレッシュ。ゆっくり走れば、ひざや足や腰も疲れず、気持ちいいスピード感を楽しめます。

手軽に乗れて場所をとらない
近くへ移動するなら、迷わずに自転車で決まりです。自動車のように交通渋滞や事故を減らすことにもなります。でも、だからといって「迷惑駐輪」には注意しましょう。

エネルギー効率が最高
人間の力だけで走る自転車。これほど人間に近い乗りものはありません。しかも、あらゆる動物や動く機械のなかで、一番上手にエネルギーを使っている装置なのです。

B

提示　大小相近的文字反覆出現，容易給人單調無趣的印象。

A 08

Q 08 的答案　B

A

NG 的理由

- ✕ 找不到瞬間吸引目光的**吸睛元素**
- ✕ 小標題和內文的文字大小沒有明顯差異和變化，整個版面顯得無趣
- ✕ 所有的資訊都用類似的方式呈現，看不出整份資料的重點

自転車の魅力

●空気を汚さない
地球環境を汚す最大の原因はクルマの排気ガス。二酸化炭素は、地球温暖化や酸性雨の原因にもなっている。一方、自転車は空気を汚さず、「地球にやさしい乗りもの」なのです。

●楽しみながら健康に効く
自転車に乗って走ることは、酸素を吸って運動すること。ラクなスピードで走っているうちに、心臓や肺が少しずつ強くなり、体のむだな脂肪も減って、健康にとてもよいのです。

●いろいろな発見ができる
自転車なら、歩くよりずっと遠くまで行けるから、いろいろな発見ができて、心もリフレッシュ。ゆっくり走れば、ひざや足や腰も疲れず、気持ちいいスピード感を楽しめます。

●手軽に乗れて場所をとらない
近くへ移動するなら、迷わずに自転車で決まりです。自動車のように交通渋滞や事故を減らすことにもなります。でも、だからといって「迷惑駐輪」には注意しましょう。

●エネルギー効率が最高
人間の力だけで走る自転車。これほど人間に近い乗りものはありません。しかも、あらゆる動物や動く機械のなかで、一番上手にエネルギーを使っている装置なのです。

B

Good 的理由

- ○ 視線會自然而然地落在大標題上
- ○ 只要閱讀加大字級的小標題，即可掌握文章主旨
- ○ 標題與內文有做出差異，可感受到節奏規律

自転車の魅力

空気を汚さない
地球環境を汚す最大の原因はクルマの排気ガス。二酸化炭素は、地球温暖化や酸性雨の原因にもなっている。一方、自転車は空気を汚さず、「地球にやさしい乗りもの」なのです。

楽しみながら健康に効く
自転車に乗って走ることは、酸素を吸って運動すること。ラクなスピードで走っているうちに、心臓や肺が少しずつ強くなり、体のむだな脂肪も減って、健康にとてもよいのです。

いろいろな発見ができる
自転車なら、歩くよりずっと遠くまで行けるから、いろいろな発見ができて、心もリフレッシュ。ゆっくり走れば、ひざや足や腰も疲れず、気持ちいいスピード感を楽しめます。

手軽に乗れて場所をとらない
近くへ移動するなら、迷わずに自転車で決まりです。自動車のように交通渋滞や事故を減らすことにもなります。でも、だからといって「迷惑駐輪」には注意しましょう。

エネルギー効率が最高
人間の力だけで走る自転車。これほど人間に近い乗りものはありません。しかも、あらゆる動物や動く機械のなかで、一番上手にエネルギーを使っている装置なのです。

整體顯得平板單調時，請把優先順序較高的文字放大！

❶ 把重要的句子放大，即可凝聚讀者的視線

傳單的使命就是「快速」、「正確」地傳達重點。講到重點的文字，不妨就放大字級吧！大字能自然地吸引讀者視線，讓讀者不經意地開始閱讀。

不過，如果在有限的版面內**到處都是大字會出現反效果。**因此，建議只把重點放大，例如「希望優先閱讀的部分」、「希望一定要記住的內容」。讀者即使只閱讀了標題，也能獲得重點訊息。

▲ 將版面改為橫式。藉由標題 20pt、本文 11pt 的差異來強調。依版面方向或元素的數量，調整一行的文字量與字級大小

❷ 賦予內容強弱差異，讓讀者理解「放大處是重點」

透過強弱差異的設計，可讓人清楚知道**放大處是重點**。將優先程度高的內容放大處理，不僅能誘導讀者的視線，也可使其快速理解主旨。這樣一來不僅可以避免版面太單調，還能彰顯出重要的部分，堪稱是一舉兩得的方法。

▲ 將照片放大，並搭配放大的文案，讓訴求形象更明確。設定標題為 16pt、內文為 10pt，使讀者能更有節奏地閱讀

思考更強烈的文字編排方式，強化標題或內文的重點文字，加強印象！

用標題瞬間決勝負

▲ 旅遊主題的海報，光看標題即可掌握內容

▲ 和左圖相同的照片和文字，改將文字壓在照片上的編排，讓人印象深刻

讓讀者快速理解主旨

梶井基次郎

［1901～1932］小説家

鋭敏な感覚表現で珠玉の短編を残した

感覚的なものと知的なものが融合した、簡潔な描写と詩情豊かな澄明な文体で20余りの作品を残した。文壇に認められてまもなく、31歳の若さで肺結核で没した。死後次第に評価が高まり、今日では近代日本文学の古典のような位置にある作家である。作品群は心境小説に近く、散策で目にした風景や自らの身辺を題材にした作品が主である。日本的自然主義や私小説の影響を受けながら、感覚的詩人的な側面の強い独自色を醸し出している。代表作に「檸檬」「城のある町にて」「冬の蠅」など。

▲ 以作家名字為主的編排

梶井基次郎［1901～1932］

鋭敏な感覚表現で
珠玉の短編を残した作家

感覚的なものと知的なものが融合した、簡潔な描写と詩情豊かな澄明な文体で20余りの作品を残した。文壇に認められてまもなく、31歳の若さで肺結核で没した。死後次第に評価が高まり、今日では近代日本文学の古典のような位置にある作家である。作品群は心境小説に近く、散策で目にした風景や自らの身辺を題材にした作品が主である。日本的自然主義や私小説の影響を受けながら、感覚的詩人的な側面の強い独自色を醸し出している。代表作に「檸檬」「城のある町にて」「冬の蠅」など。

▲ 強調作家作品風格特徵的編排

流暢地將視線引導至內文

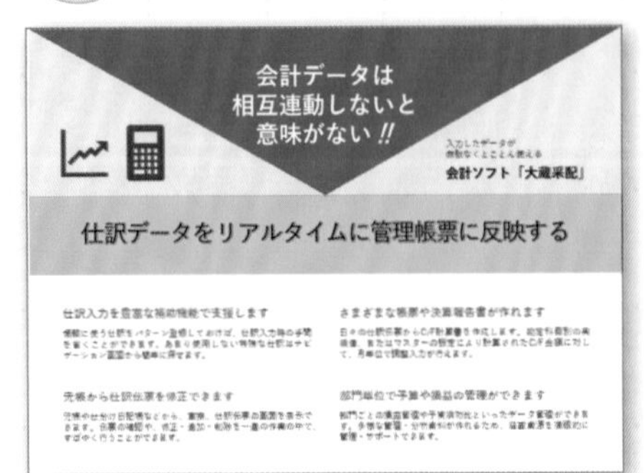

▲ 引導讀者由上往下閱讀關鍵文字

▲ 另一種編排，一眼即可看到「4 項訴求」

整個版面都是文字時該怎麼辦？

有時候手上只有文字內容可以編排，缺乏圖片等視覺元素時，建議可局部放大文字加以突顯，即可輕鬆完成視覺效果佳的版面。

範例1 替文字呈現方式增添變化性

左：改變每個字的大小與方向
右：將文字傾斜配置，營造衝破版面的感覺

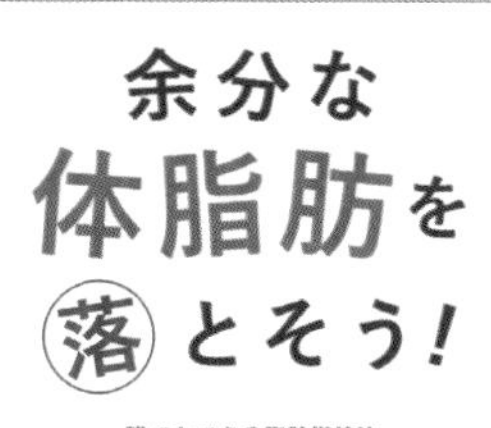

【運動】
20分程度の有酸素運動・酸素を取り込むことで血液中の酸素が増え、効率よく脂肪が燃焼されます。
空腹時の運動が効果的・運動で血糖を消費するときに、予備のエネルギーである体脂肪を利用します。
無酸素運動を先にやる・筋トレなどの無酸素運動を先にすると、脂肪燃焼の効率が高くなる。

【食事】
早食いはしない・よく噛んで食べると満腹中枢が刺激され、量が少なくても満腹感が得られます。
食べる時間を規則的にする・食べる時間が不規則だと、身体の防衛本能が働いて脂肪を蓄えやすくなります。
適度なカフェインを摂取する・珈琲や紅茶、緑茶に含まれるカフェインで脂肪の代謝がよくなります。

How to Reduce body fat

余分な体脂肪を落とそう！
誰でもできる
脂肪燃焼法。

How to Reduce body fat

【運動】
20分程度の有酸素運動・酸素を取り込むことで血液中の酸素が増え、効率よく脂肪が燃焼されます。
空腹時の運動が効果的・運動で血糖を消費するときに、予備のエネルギーである体脂肪を利用します。
無酸素運動を先にやる・筋トレなどの無酸素運動を先にすると、脂肪燃焼の効率が高くなる。

【食事】
早食いはしない・よく噛んで食べると満腹中枢が刺激され、量が少なくても満腹感が得られます。
食べる時間を規則的にする・食べる時間が不規則だと、身体の防衛本能が働いて脂肪を蓄えやすくなります。
適度なカフェインを摂取する・珈琲や紅茶、緑茶に含まれるカフェインで脂肪の代謝がよくなります。

範例2 把部分文字變成插圖

左：加入符合主題的圖示
右：延伸文字的筆劃做變化，達到突顯的效果

余分な体脂肪を
落とそう
誰で もできる
脂肪燃焼法。

How to Reduce body fat

【運動】
20分程度の有酸素運動・酸素を取り込むことで血液中の酸素が増え、効率よく脂肪が燃焼されます。
空腹時の運動が効果的・運動で血糖を消費するときに、予備のエネルギーである体脂肪を利用します。
無酸素運動を先にやる・筋トレなどの無酸素運動を先にすると、脂肪燃焼の効率が高くなる。

【食事】
早食いはしない・よく噛んで食べると満腹中枢が刺激され、量が少なくても満腹感が得られます。
食べる時間を規則的にする・食べる時間が不規則だと、身体の防衛本能が働いて脂肪を蓄えやすくなります。
適度なカフェインを摂取する・珈琲や紅茶、緑茶に含まれるカフェインで脂肪の代謝がよくなります。

余分な体脂肪を落とそう！

誰でもできる
脂肪
燃焼法。

How to Reduce body fat

【運動】
20分程度の有酸素運動・酸素を取り込むことで血液中の酸素が増え、効率よく脂肪が燃焼されます。
空腹時の運動が効果的・運動で血糖を消費するときに、予備のエネルギーである体脂肪を利用します。
無酸素運動を先にやる・筋トレなどの無酸素運動を先にすると、脂肪燃焼の効率が高くなる。

【食事】
早食いはしない・よく噛んで食べると満腹中枢が刺激され、量が少なくても満腹感が得られます。
食べる時間を規則的にする・食べる時間が不規則だと、身体の防衛本能が働いて脂肪を蓄えやすくなります。
適度なカフェインを摂取する・珈琲や紅茶、緑茶に含まれるカフェインで脂肪の代謝がよくなります。

範例3 加上裝飾用的線條或外框

左：用對話框加深印象
右：加上兩條外框線，藉此突顯出標題文字

How to Reduce body fat

余分な体脂肪を
落とそう！
誰でもできる
脂肪燃焼法。

【運動】
20分程度の有酸素運動・酸素を取り込むことで血液中の酸素が増え、効率よく脂肪が燃焼されます。
空腹時の運動が効果的・運動で血糖を消費するときに、予備のエネルギーである体脂肪を利用します。
無酸素運動を先にやる・筋トレなどの無酸素運動を先にすると、脂肪燃焼の効率が高くなる。

【食事】
早食いはしない・よく噛んで食べると満腹中枢が刺激され、量が少なくても満腹感が得られます。
食べる時間を規則的にする・食べる時間が不規則だと、身体の防衛本能が働いて脂肪を蓄えやすくなります。
適度なカフェインを摂取する・珈琲や紅茶、緑茶に含まれるカフェインで脂肪の代謝がよくなります。

How to Reduce body fat

余分な体脂肪
を落とそう！
誰でもできる
脂肪燃焼法。

【運動】
20分程度の有酸素運動・酸素を取り込むことで血液中の酸素が増え、効率よく脂肪が燃焼されます。
空腹時の運動が効果的・運動で血糖を消費するときに、予備のエネルギーである体脂肪を利用します。
無酸素運動を先にやる・筋トレなどの無酸素運動を先にすると、脂肪燃焼の効率が高くなる。

【食事】
早食いはしない・よく噛んで食べると満腹中枢が刺激され、量が少なくても満腹感が得られます。
食べる時間を規則的にする・食べる時間が不規則だと、身体の防衛本能が働いて脂肪を蓄えやすくなります。
適度なカフェインを摂取する・珈琲や紅茶、緑茶に含まれるカフェインで脂肪の代謝がよくなります。

方方正正地編排文字方塊，是有極限的。要製作令人印象深刻的標題，試著變形文字吧！

替文字**變形**，即可變成具震撼力的文字。變形之後還可套用陰影、反射、外框等功能。如果替變形後的文字填入顏色或圖樣，會更色彩繽紛。

操作 1 變形文字

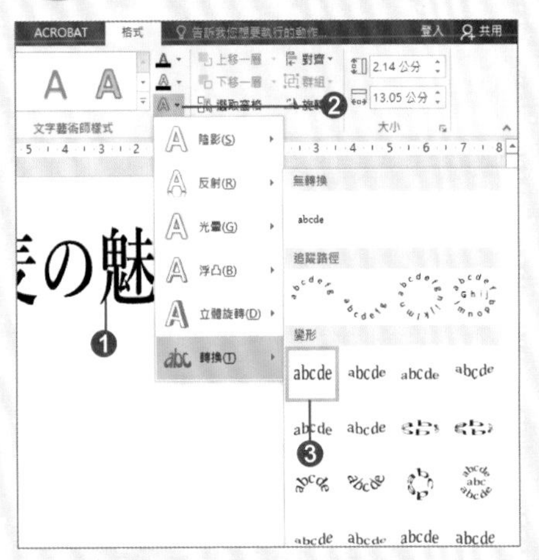

▲ ❶ 點按文字方塊
❷ 按下［繪圖工具／格式］分頁的［文字藝術師樣式］區的［文字效果］鈕
❸ 從［轉換］的［變形］區選擇［矩形］

▲ ❹ 文字變形了

操作 2 在文字上填滿圖樣

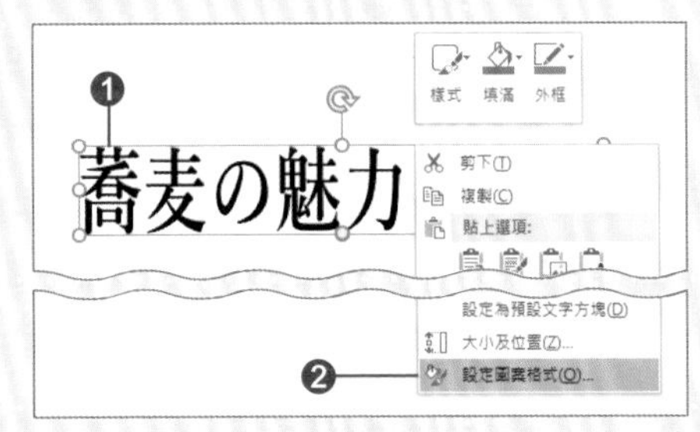

▲ ❶ 點按已變形的文字
❷ 按右鍵執行『設定圖案格式』命令

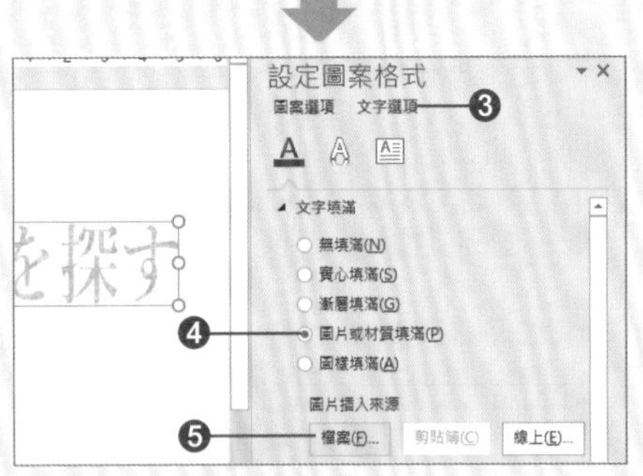

▲ ❸ 按下［設定圖案格式］視窗的［文字選項］鈕
❹ 點選［文字填滿］的［圖片或材質填滿］項目
❺ 按下［圖片插入來源］的［檔案］鈕

▲ ❻ 在［圖片插入來源］交談窗選取圖檔後，按下［插入］鈕
❼ 變形後的文字填入了圖樣

Q 09

新品發售的簡介：哪一份資料容易聯想到商品？

※ 標題中譯：「下午 3 點的悄悄話。」（副標：可以一邊打電腦，一邊用單手吃的小點心）

午後3時の囁き。

PCを使いながら
片手で食べられるおやつ

おいしすぎてついつい食べ過ぎてしまう、発売から大好評の「デビルのおにぎり」の姉妹品として「デビルのおやつ」を企画しました。発売から2週間で100万個を販売したおにぎりですが、今回はオフィスで働く人に向けたおやつです。
白だしで炊き上げたご飯に各種具材を混ぜ込み、絶妙の味付けで整えたこだわりのおやつです。昼食を取り逃した人や、小腹がすくおやつ時刻を狙った、ビジネスマンやOLが食べやすいと思える仕様です。

- スティックタイプのごはん
- 片手でパクパク食べられる
- 手が汚れないシート包装
- サッと隠すことができる
- 予価　　　200円（税込）
- カロリー　250kcal

前回のおにぎり同様、SNSのインスタ映えを意識し、アレンジ料理の画像アップを期待してネット販促を展開します。SNSで取り上げられれば、顧客の来店動機につながります。
何より来店さえしてもらえたら、飲料や菓子などの「ついで買い」が見込めます。飽和状態のコンビニであっても、マーケティングを工夫すれば、依然集客できる余地があります。

A

※ 標題中譯：「本系列第二彈『看電視時吃的小點心』上市了！」

シリーズ第2弾「デビルのおやつ」を発売!

おいしすぎてついつい食べ過ぎてしまう、発売から大好評の「デビルのおにぎり」の姉妹品として「デビルのおやつ」を企画しました。発売から2週間で100万個を販売したおにぎりですが、今回はオフィスで働く人に向けたおやつです。
白だしで炊き上げたご飯に各種具材を混ぜ込み、絶妙の味付けで整えたこだわりのおやつです。昼食を取り逃した人や、小腹がすくおやつ時刻を狙った、ビジネスマンやOLが食べやすいと思える仕様です。

- スティックタイプのごはん
- 片手でパクパク食べられる
- 手が汚れないシート包装
- サッと隠すことができる
- 予価　　　200円（税込）
- カロリー　250kcal

前回のおにぎり同様、SNSのインスタ映えを意識し、アレンジ料理の画像アップを期待してネット販促を展開します。SNSで取り上げられれば、顧客の来店動機につながります。
何より来店さえしてもらえたら、飲料や菓子などの「ついで買い」が見込めます。飽和状態のコンビニであっても、マーケティングを工夫すれば、依然集客できる余地があります。

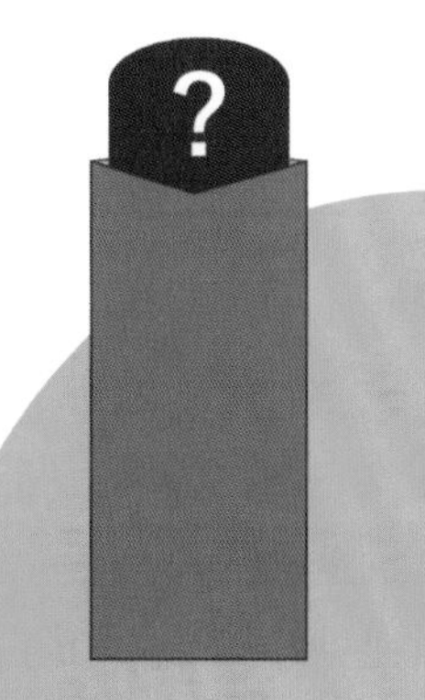

B

提示　讀起來無聊的句子或冗長的句子，會讓讀者敬而遠之。

A 09

Q 09 的答案　A

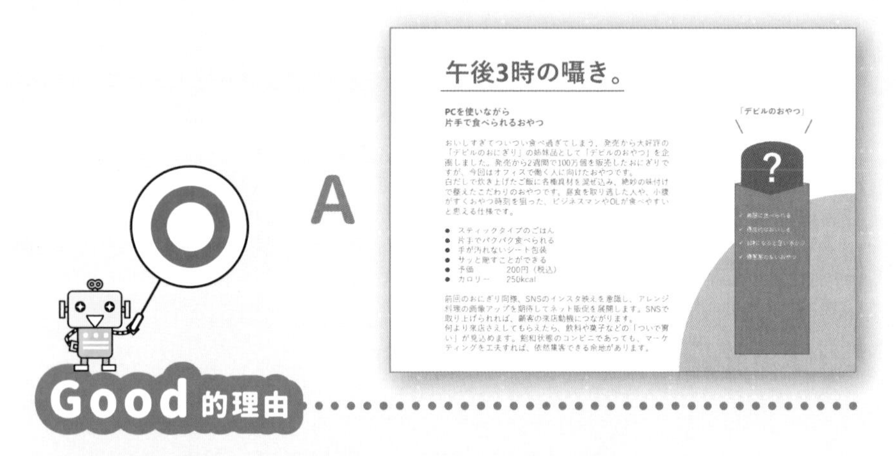

Good 的理由

- ○ 幽默的標題「下午 3 點的悄悄話」讓人感興趣
- ○ 從副標題「可以一邊打電腦，一邊用單手吃的零食」即可明確理解描述的商品
- ○ 以條列方式呈現商品特色

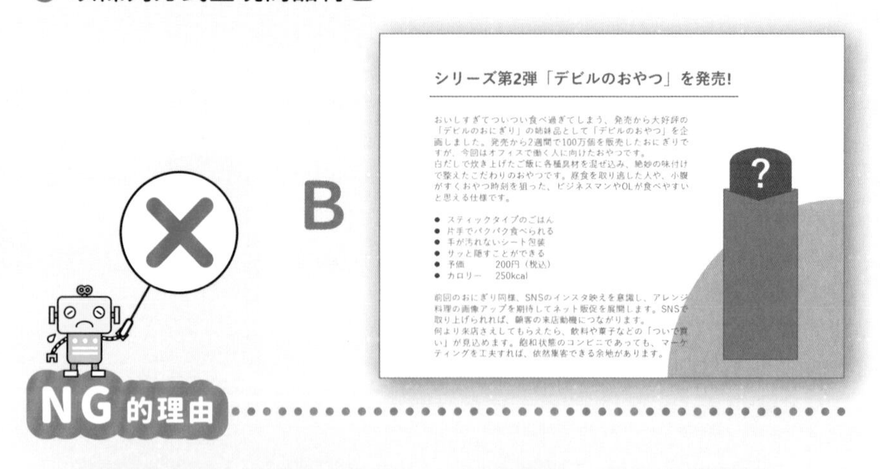

NG 的理由

- ✕ 標題陳述「○○商品上市了！」平淡無奇，無法引起興趣
- ✕ 若沒有閱讀本文，很難了解在賣什麼商品
- ✕ 最好能有一句總結的概要，讓人快速理解內容

要讓設計更有傳達力，建議用簡短有力的「一句話」來表現！

❶ 用一句話說完的句子，不僅好懂且更有說服力

你是否以為洋洋灑灑寫一大篇，就能夠將訴求傳達給對方？冗長的文章、過多的資訊，是讓讀者失去興趣的原因。製作宣傳資料時，要追求的就是簡潔易懂、一目瞭然，要達到上述目的，「**用一句話說完**」非常重要。

短短一句話，就能成為吸睛標語。請用簡潔、好懂、幽默的句子來表現吧！

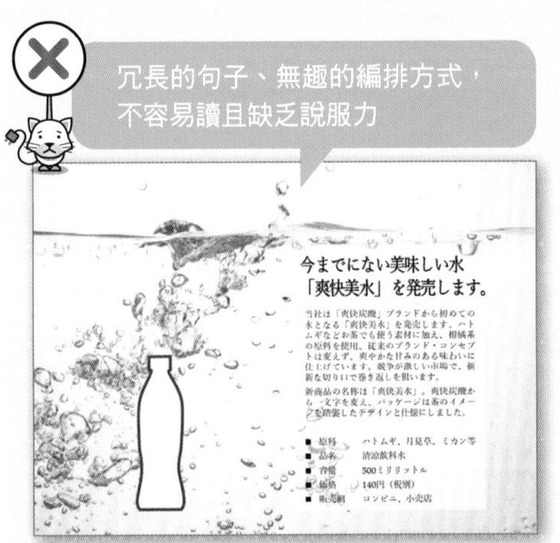

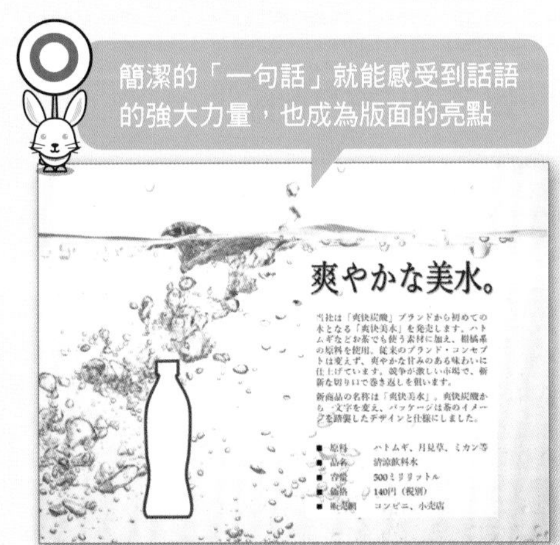

❷ 利用「一行標題」激發閱讀興趣

宣傳資料上，如果非得讀到最後才看得到結論，這種文章是不行的。請設法讓重要的內容一目瞭然。最常被忽略的，就是「**製作標題**」。若能製作包含訊息與關鍵字的標題，即可快速傳達要訴求的內容。

隨便寫個普通的句子，
感覺標題不夠用心

こだわりのおやつご飯　※ 中譯：「特別製作的小點心」

おいしすぎてついつい食べ過ぎてしまう、発売から大好評の「デビルのおにぎり」の姉妹品として「デビルのおやつ」を企画しました。発売から2週間で100万個を販売したおにぎりですが、今回はオフィスで働く人に向けたおやつです。
白だしで炊き上げたご飯に各種具材を混ぜ込み、絶妙の味付けで整えたこだわりのおやつです。昼食を取り逃した人や、小腹

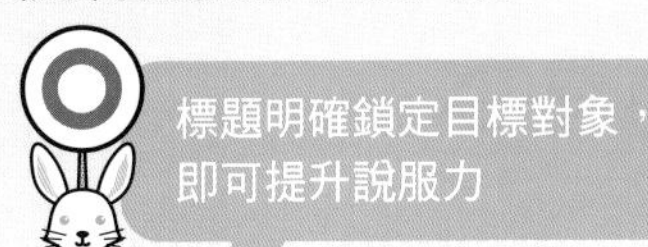

昼食を逃した人に朗報。
午後3時のエナジーチャージ　※ 中譯：「錯過午餐沒關係，下午三點來充電」

おいしすぎてついつい食べ過ぎてしまう、発売から大好評の「デビルのおにぎり」の姉妹品として「デビルのおやつ」を企

讓讀者覺得與自己有關，
即可驅動閱讀的動力

パクッ、ポイッ。
3時のおやつはスピード重視。　※ 中譯：「隨開隨吃。3 點的點心重視速度」

おいしすぎてついつい食べ過ぎてしまう、発売から大好評の「デビルのおにぎり」の姉妹品として「デビルのおやつ」を企

如果想讓文字吸引目光，儲存成圖片會更好處理！

如果把文字另存成圖片來處理，可完成更精緻的設計，例如要添加投影或陰影等樣式，也可以套用繪圖般的藝術效果，讓視覺的變化性大幅提升。

操作 把文字另存成圖片

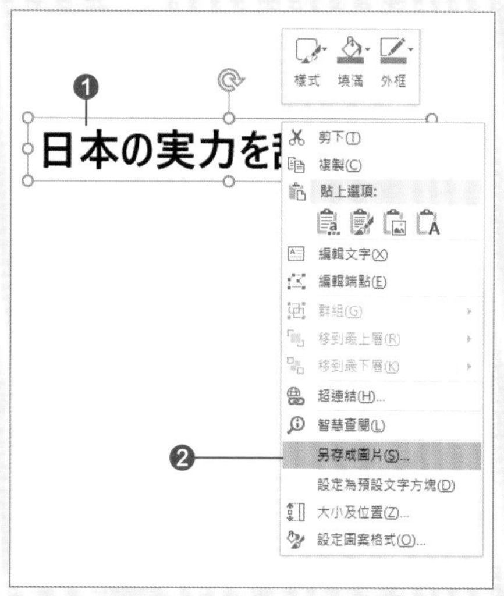

▲ ❶ 在文字方塊上按右鈕
❷ 執行［另存成圖片］命令

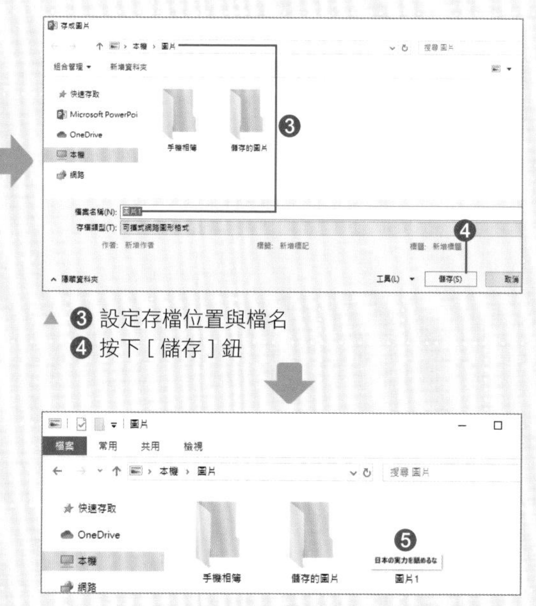

▲ ❸ 設定存檔位置與檔名
❹ 按下［儲存］鈕

▲ ❺ 另存成圖片了

日本の実力を舐めるな

◀ 置入文字圖片後，套用［美術效果］（鉛筆草圖）+［重新著色］

日本の実力を舐めるな

◀ 置入文字圖片後，再套用［圖片樣式］（旋轉，白色）

標題是引導讀者去看內文的領航員。試著用各種方法來提升閱讀樂趣吧！

用簡單的裝飾就能添加變化

誰もが唸る旨さの秘密

▲ 幫重點文字加上顏色

憧れの小顔を手に入れる

▲ 在文字的上下畫線

私、それでも現金派です。

▲ 在重點文字底下加上網紋或色塊

▶ 客が絶えない理由

▲ 用色塊襯底製作反白文字

用框線替文字加上裝飾

中 小 企 業 の 勝 算

▲ 將每一個字都用框線圍住

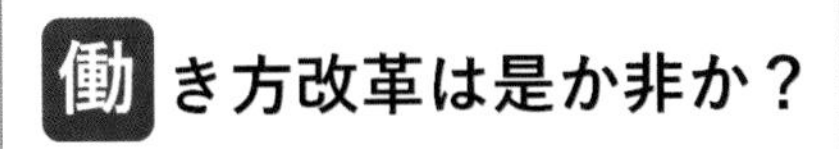

▲ 將單獨一個重點字放大並反白處理

▲ 加上裝飾框

加入細節設計來吸引目光

徒歩で行ける美食の街

▲ 在句首加入矩形圖案，並替整行加上底線

今週のアクセスTOP5

▲ 在句首加入小圖示

無料で
クーポンがゲットできる!!

▲ 在句子裡加上「括弧」並插入重點文字

スタッフ募集中!!

▲ 使用對話框來強調文字

做設計不要流於自我滿足！
干擾閱讀的設計就是本末倒置。

避免過度裝飾

AIで気づく仕事のムダ

✕ 加上陰影與反射會讓文字變得很難閱讀。
非用不可時也請「加一點點就好」！

わかりやすさが10割

✕ 文字加上顏色＋光暈會整個糊在一起。
請控制文字設計只要單一重點！

避免過度變形

サマータイムは是か非か？

✕ 變形也可能導致文字變得歪七扭八。
請減少文字數量並維持比例！

プレゼンはデザイン思考

✕ 彎彎曲曲的文字會給人隨便的廉價感。
建議在背景或框線下工夫會更好！

避免缺乏強弱變化

企画概要

●名称
モノづくり写真展

●主旨
独自の高い技術力を持つ中小企業200社を写真と共に紹介する。

●骨子
全国の経済産業局や中小企業を支援する独立行政法人が、そのネットワークを通じて集めた公開情報に基づき、金型、鋳造・鍛造、めっき等の基盤産業を中心にして、全国各地で活躍する独自の高い技術を持つ中小企業を200社を紹介する。多くの中小企業の中から200社を選定するに当たっては、当社の経済誌編集部を中心に、それぞれの企業の持つ技術
が国民生活・経済活動に与える影響の大きさ

✕ 文字大小都相同會顯得無趣。希望元素之間能多點強弱變化。

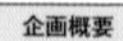

名称：モノづくり写真展

主旨：独自の高い技術力を持つ中小企業200社を写真と共に紹介する。

骨子：全国の経済産業局や中小企業を支援する独立行政法人が、そのネットワークを通じて集めた公開情報に基づき、金型、鋳造・鍛造、めっき等の基盤産業を中心に、全国各地で活躍する独自の高い技術を持つ中小企業200社を紹介する。

多くの中小企業の中から200社を選定するに当たっては、当社の経済誌編集部を中心に、それぞれの企業の持つ技術力の高さや、技術が国民生活・経済活動に与える影響の大きさ等を評価して行う。

✕ 雖然工整對齊，但是內容缺乏差異性，無法直覺式地傳達重點。

Q 10

包含文案與照片的簡報：哪一個版面比較美觀？

※ 標題中譯：「面影町的人口回流計畫 - 徵求在地產業體驗人員」

A

B

提示　觀察版面上的文字部分、留白的部分，評估何者較為靈活運用。

A 10

Q 10 的答案 A

A

Good 的理由

- ○ 大標題的字距緊實且整齊
- ○ 小標題的字距加寬，更容易閱讀
- ○ 內文的行距加寬，可呈現悠閒感

B

NG 的理由

- ✕ 大標題的文字看起來有點鬆散
- ✕ 小標題的所有文字感覺拘束
- ✕ 內文的行距顯得擁擠

簡報要成功，請重視字距和行距！

1 恰到好處的行距會更容易閱讀

如果**行距**太窄，整個段落會變得很密集而難以閱讀；若是行距太寬，雖然文字清楚好讀，版面卻容易顯得鬆散。我們要了解的是，「閱讀文章」這種行為是眼睛持續逐行追隨的動作。因此，最適當的行距會與一行的文字量、行數、字體與字級有密切的關係。建議大家盡量不要維持預設的標準設定，試著自行調整成容易閱讀且美觀舒適的行距。

▲ 行距窄導致文章顯得擁擠，給人拘束感

▲ 行距加寬提升空間感，視線容易隨字移動

2 容易閱讀的字距會給人好印象

文字與文字之間的距離，也就是**字距**，也會影響整體的印象。字距緊密時會產生緊湊感，給人活潑的感覺；字距寬鬆則會給人充裕開闊的感覺。

具震撼力的大標題常將字距縮小，而表格內的字距通常會加大，這些都能提升閱讀性。

當段落結尾掉下一兩個自成一行的文字時，也可試著縮小整段文章的字距來調整。

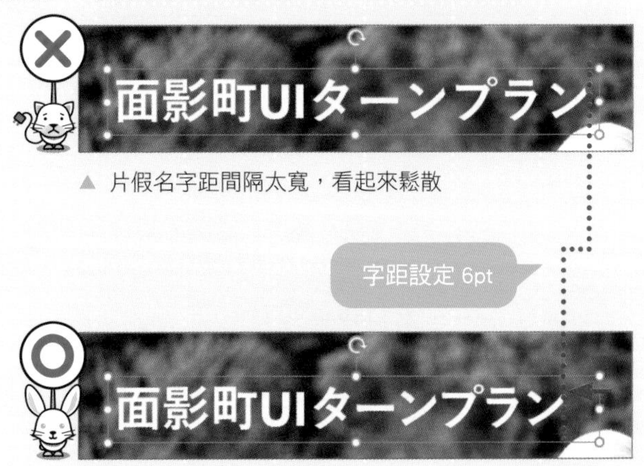

▲ 片假名字距間隔太寬，看起來鬆散

▲ 只讓片假名的字距緊縮，標題看起來就更有凝聚感

試著從選單快速設定，或是透過交談窗詳細設定！

行距與字距可從選單設定。要做詳細的設定時，建議開啟交談窗來設定。不需要過度神經質，試著找出感覺良好的距離感吧！

操作 1 加寬行距

▲ ❶ 選取文字方塊

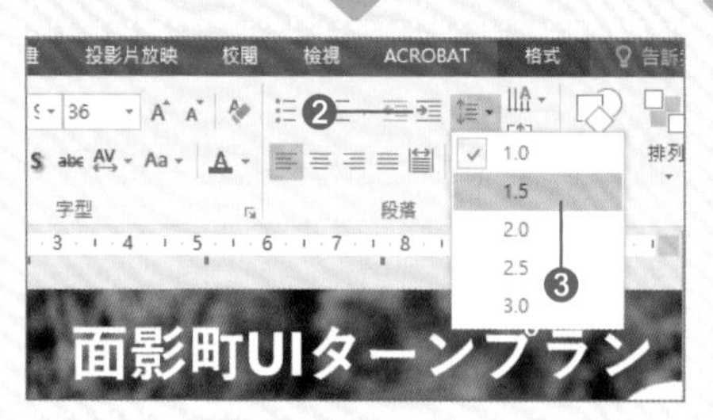

▲ ❷ 按下 [常用] 分頁 [段落] 區的 [行距] 鈕
❸ 選擇 [1.5] 等設定值

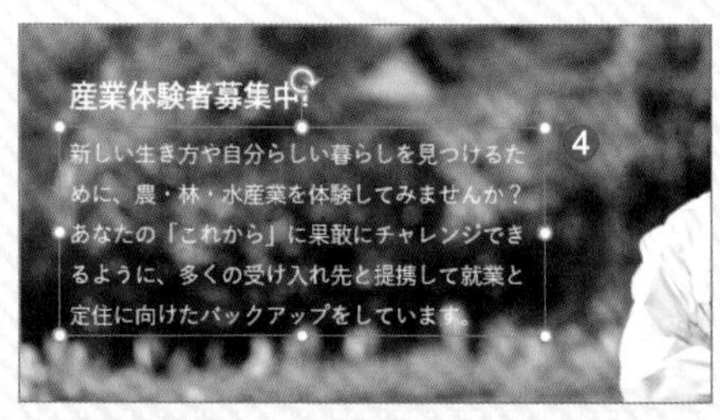

▲ ❹ 行距加寬了

※ 要指定更詳細的數值時，請在步驟 ❸ 選取 [行距選項]，在開啟的 [段落] 交談窗的 [縮排和間距] 分頁 (如下圖) 做設定。

※ 行距的 [倍數] 建議設定為 [1.3] ～ [1.7] 倍左右，或是在 [固定行高] 設定比現在的文字再大 2 ～ 6pt 的程度。

操作2 縮減字距

◀ ❶ 選取文字列或文字方塊

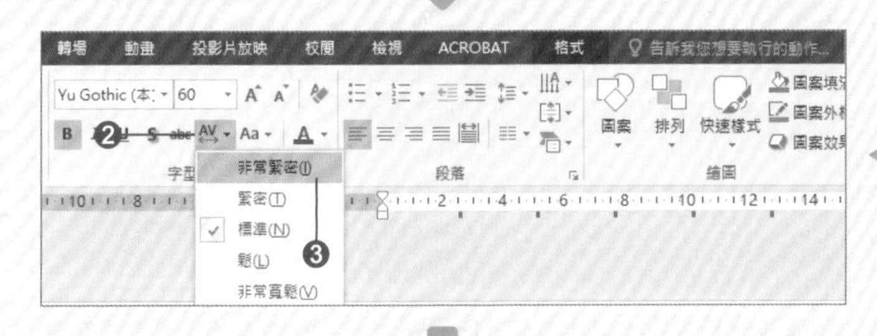

◀ ❷ 按下［常用］分頁［字型］區的［字元間距］鈕
❸ 選擇［非常緊密］等設定

◀ ❹ 文字的間距靠近了

※ 選擇［緊密］會讓字距縮減 1.5pt，［非常緊密］會縮減 3pt。相反的，［鬆］會將字距加寬 1.5pt，［非常寬鬆］則是加寬 3pt。

※ 要指定更詳細的數值時，請在步驟 ❸ 選取［其他間距］，在開啟的［字型］交談窗的［字元間距］分頁做設定。

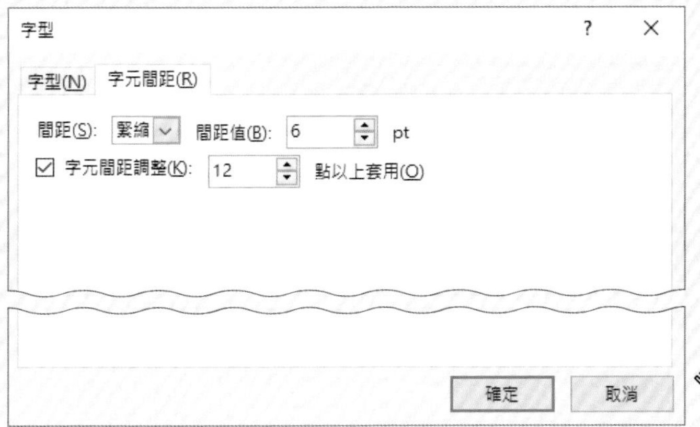

設計範例集

調整字距與行距，藉此控制整體的視覺印象吧！

範例1 寬鬆的行距讀起來會別有餘韻

行距「1.3」倍

行距「1.5」倍

只有片假名的字距設定為「非常緊密」

▲ 恬靜清幽的照片，適合寬鬆的行距

標準的行距
雖然也不錯

加寬行距可產生空間感，
給人緩和平靜的感覺！

範例2 根據主視覺照片打造緊湊感

標題與主要文案的字距維持「標準」

海洋文学愛好会

海洋についての体験や観察、空想に基づく文学作品を考察・評価する会です。過去および近年の埋もれた作品に光を当て、再評価する意見交換も行います。

標準的字距
雖然也可以

將內文的字距設定為「緊密」

▲ 為了搭配有魄力的照片，設定為緊密的字距可產生緊湊感

若讓字距更緊密，
可有效作為設計元素！

這是育兒書的廣告傳單。請選出哪些字體較不合適，並說明原因 (複選)。

※ 標題中譯：「用漫畫看懂 - 第一次當爸爸媽媽」

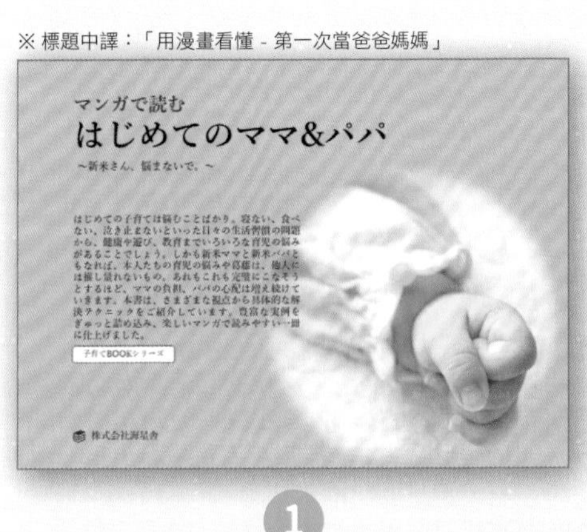

1

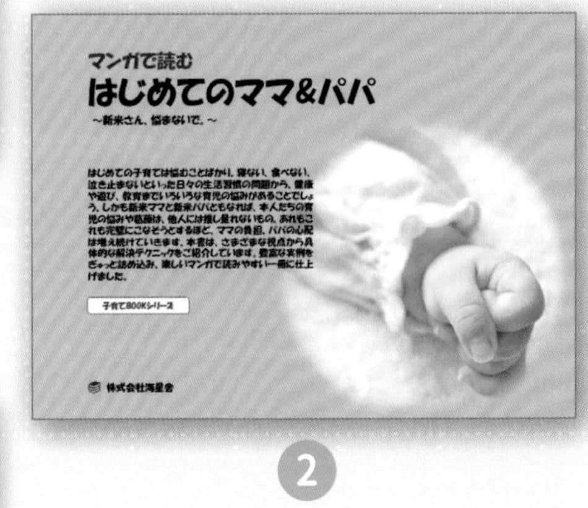

2

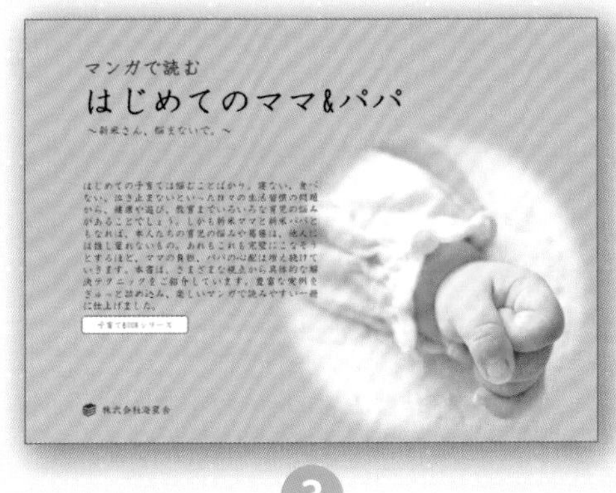

3

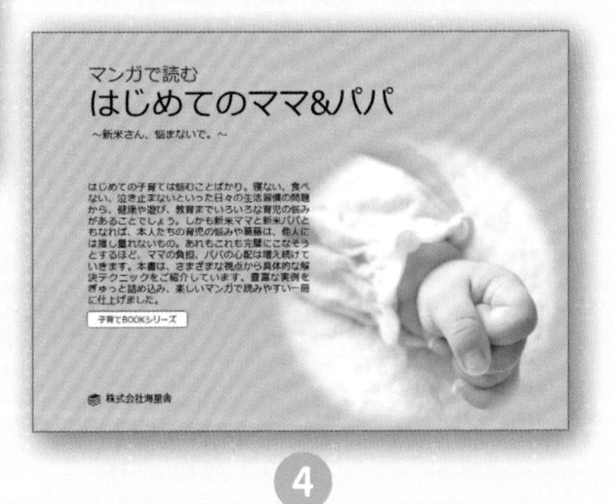

4

問題 C 的答案 ❶ ❷ ❸

❶ 使用了**游明朝體**與**游明朝體 Demibold**。此字體適用於氣氛嚴謹的商務資料，與柔嫩的嬰兒小手不搭。

❷ 使用 **HGP 創角英 POP 體**。雖然是熱鬧俏皮的個性字體，但文字排列時顯得雜亂難讀，與嬰兒照片及內容格格不入。

❸ 使用了 **HGP 教科書體**，這是接近手寫的楷書體。若考慮到商品是育兒漫畫，字體風格顯得太過嚴肅和典雅。

❹ 使用了 **Meiryo** 字體。略帶圓弧的設計，是一款可讀性高的字體。與本例的「溫和」、「輕柔」感的視覺很搭。**HP Gothic M-PRO** 等圓黑體也很推薦。

游明朝體

はじめての子育ては悩むことばかり。寝な
ない、泣き止まないといった日々の生活習
から、健康や遊び、教育までいろいろな育
があることでしょう。しかも新米ママと新
もなれば、本人たちの育児の悩みや葛藤は
は推し量れないもの。あれもこれも完璧に

HGP 創角英 POP 體

はじめての子育ては悩むことばかり。寝ない、
泣き止まないといった日々の生活習慣の問題
や遊び、教育までいろいろな育児の悩みがある
う。しかも新米ママと新米パパともなれば、本
児の悩みや葛藤は、他人には推し量れないもの
れも完璧にこなそうとするほど、ママの負担、

HGP 教科書體

はじめての子育ては悩むことばかり。寝な
ない、泣き止まないといった日々の生活習
から、健康や遊び、教育までいろいろな育
があることでしょう。しかも新米ママと新
もなれば、本人たちの育児の悩みや葛藤は
は推し量れないもの。あれもこれも完璧に

Meiryo

はじめての子育ては悩むことばかり。寝な
ない、泣き止まないといった日々の生活習
から、健康や遊び、教育までいろいろな育
があることでしょう。しかも新米ママと新
もなれば、本人たちの育児の悩みや葛藤は
は推し量れないもの。あれもこれも完璧に

HP Gothic M-PRO

はじめての子育ては悩むことばかり。寝な
ない、泣き止まないといった日々の生活習
から、健康や遊び、教育までいろいろな育
があることでしょう。しかも新米ママと新
もなれば、本人たちの育児の悩みや葛藤は
は推し量れないもの。あれもこれも完璧に

這是一篇討論字體和文字編排的文章。請從下列選項中選出正確答案，填入文章內的括弧。

中文字體大致區分為黑體與明體，而歐文字體則包括文字邊角有裝飾的（ ① ），以及線條粗細一致、毫無裝飾的（ ② ）。

中文、歐文字體並存時，黑體使用（ ② ），明體使用（ ① ），可讓文字顯得自然美觀。在 PowerPoint 中，筆者推薦的中日文黑體字是（ ③ ），新增文字方塊的文字大小則是（ ③ ）pt。

近年來受到重視的字體，是著眼於「讓所有人皆可輕鬆辨識與閱讀」的（ ⑤ ）。（ ⑥ ）以及 Segoe UI 就是意識到這點而製成的字體。

版面的氣氛，會隨著行與行的間隔，也就是（ ⑦ ）而大幅改變。希望讀者慢慢閱讀時，可加寬行距、營造沉穩的氣氛；文章量多時則應縮減行距，營造緊湊感。

同樣地，版面整體的印象也會隨著文字與文字的間隔，也就是（ ⑧ ）的設定而改變。讓距離緊密可產生緊湊感，反之寬鬆則可營造悠閒感。

A：教科書體	G：無襯線體	M：Meiryo
B：游明朝體 / Yu Mincho	H：襯線體	N：Arial
C：游黑體 / Yu Gothic	I：11	O：段落
D：HG 創英角 Gothic UB	J：18	P：字距
E：免費字體	K：新黑	Q：換行
F：通用設計字體	L：IWATA UD 黑體	R：行距

問題 D 的答案

①：H　②：G　③：C　④：J　⑤：F
⑥：M　⑦：R　⑧：P

行距不要過窄或過寬

充分考量到行距的版面，可讓人流暢地逐行閱讀文章。最適當的行距，是會隨著文字大小、單行的長度、文字量而有所差異。
單行字數較少的時候，行距緊密也不會顯得奇怪，因此請一邊確保易讀性，一邊找出**美觀舒適的行距**。
藉由這樣的反覆操作，即可讓設計產生整合性或一致感。

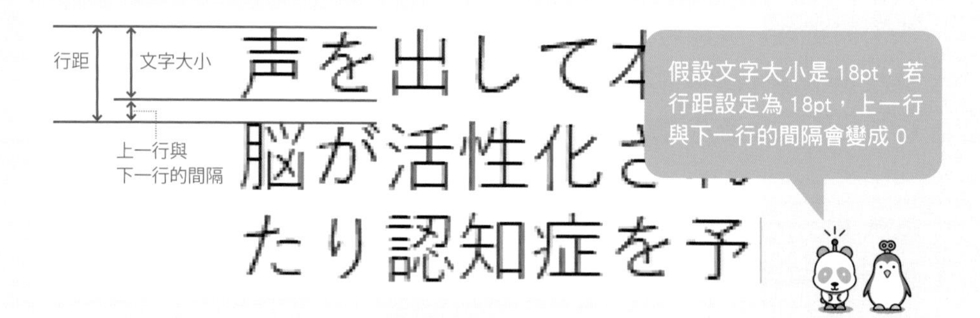

另外，若使用 **Meiryo** 或**游黑體**，文字方塊的下方間隔會變寬，文字會稍微偏上。若要與其他元素對齊時，最後要讓文字的基線位置一致。

游黑體
美しいデザインの心得

Meiryo
美しいデザインの心得

MS Gothic
美しいデザインの心得

先想好每個元素的呈現方式再設計！

每次設計之前，都必須確實地整理資訊內容，以免讀者閱讀時感到壓力。同時，為了引起讀者的興趣，賞心悅目的版面也很重要。該使用什麼樣的句子、該用什麼樣式、該安排在哪個位置，才能引起讀者的共鳴呢？本章將介紹如何安排元素的呈現方式，讓訊息得以「正確」、「有效率」地傳達給讀者。

對齊
留白
視覺動線
表格
配色

智慧輔助線
文字選項
數字與吸睛元素
自訂邊界
顏色設定

介紹新菜單的傳單：哪一個比較井然有序？

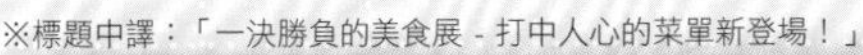

A

B

提示 版面太複雜會讓視線大幅移動而不易閱讀。讓該對齊的地方對齊是基本。

A 11

Q 11 的答案　A

Good 的理由

- ○ 大標題、小標題與內文的間隔一致
- ○ 內文與照片的寬度一致，工整美觀
- ○ 排列方式雖然簡單，但是有規劃出「整齊的部份」

NG 的理由

- × 元素交互排列，位置不固定，會使視線不斷移動，令人煩躁
- × 每段內文的起始位置都不同，令人難以閱讀
- × 元素間的距離有微妙的差異，沒有完全對齊，會給人草率的感覺

想要看起來美觀，元素位置與間隔一定要完美地對齊！

❶ 讓元素的位置整齊一致，即可營造規則感而顯得舒適美觀！

想讓元素工整排列，不妨試著讓元素的「邊」對齊。也就是說，讓文章的開頭、照片與文字方塊、圖形的水平或垂直線等元素的邊緣貼齊。對齊的元素會讓讀者看起來感覺整齊，就像有一條假想的線，是舒適美觀的版面。

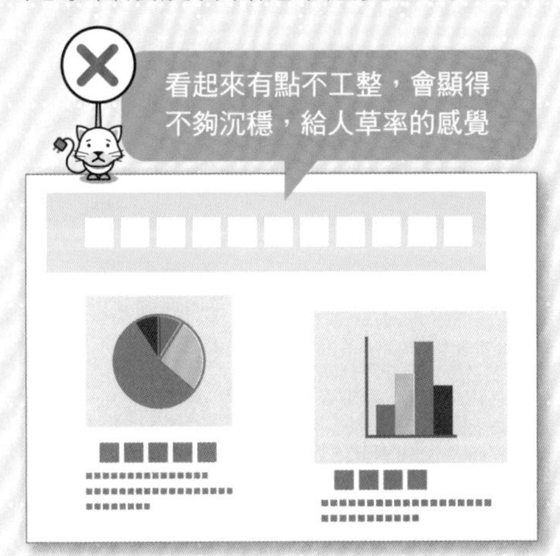

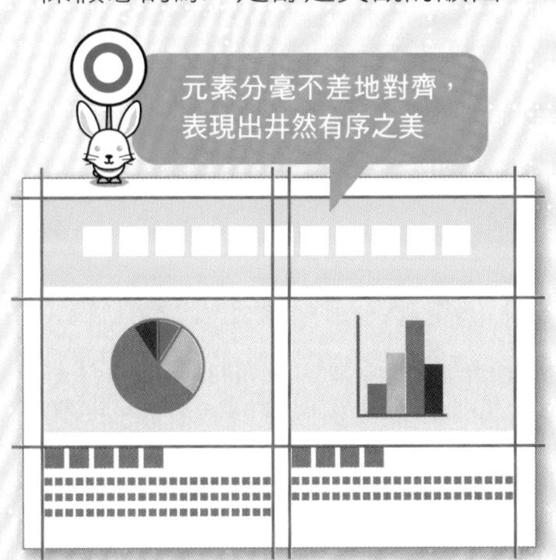

❷ 讓同類元素的間隔一致，內容就會更工整美觀

同類元素的間隔建議維持一致，例如標題與內文的間隔、所有條列項目的符號與句首文字的距離、並排圖片之間的空隙等。要表現內容的優先順序，或是表現關聯性的強弱時，統一間隔的技巧就變得很重要。

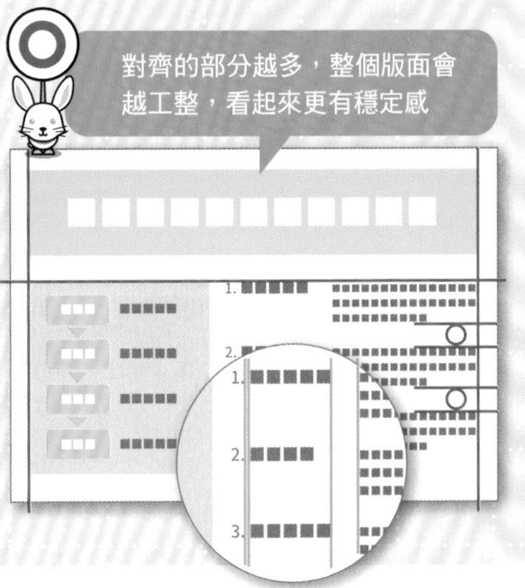

執行多次排列功能，讓元素間的位置與間隔完美對齊！

在 PowerPoint 中要將元素排列整齊，可以從功能區選取排列功能，或使用拖曳移動元素時顯示的「**智慧輔助線**」。

操作1 對齊多個元素

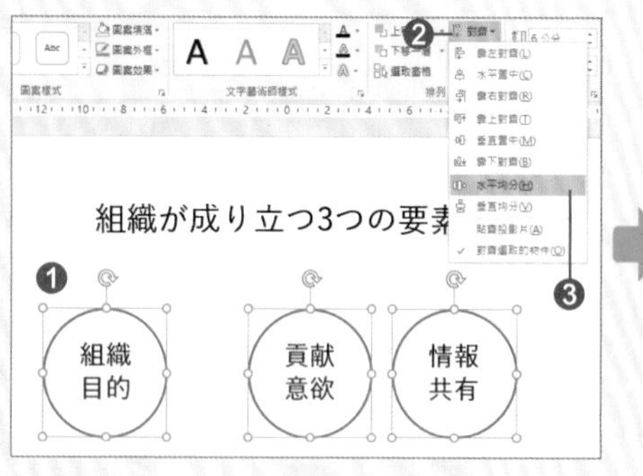

▲ ❶ 先選取多個圖形元素→❷ 按下［繪圖工具／格式］分頁［排列］區的［對齊］鈕→❸ 執行『水平均分』或其他對齊相關命令

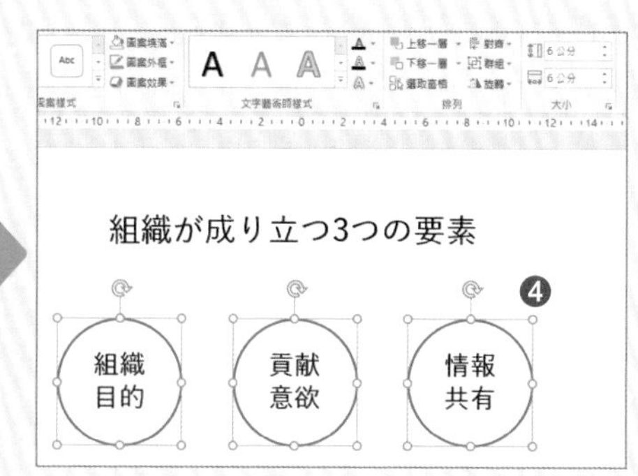

▲ ❹ 將選取的圖形元素對齊了

操作2 使用智慧輔助線對齊

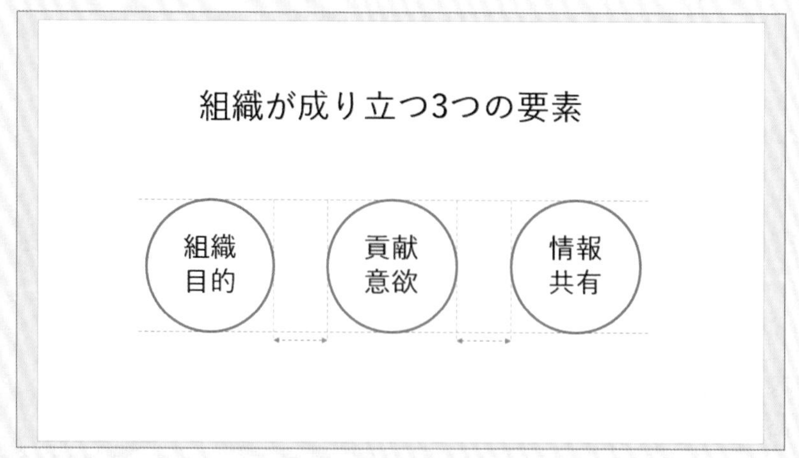

▲ 智慧輔助線是點狀的輔助線，會在特定的時機顯示出來。例如拖曳圖形等元素時，會在鄰近圖形等元素的上下或左右邊對齊時，或是距離相同時顯示出來。若活用此功能，則不需要緊盯元素位置，即可在拖曳時對齊或等距編排，非常方便

※ 另一個方法是顯示輔助線或格線，以這些為基準來編排。請參照第 34 頁。

找出適當的對齊位置，
展現出井然有序之美吧！

靠左對齊

置中對齊

均分對齊

▶ 範例 1（左上圖）
只要將左邊句首位置對齊，即可強烈地表現出「整齊感」

▶ 範例 2（右上圖）
將所有元素置中對齊，就會讓人感受到井然有序的穩定感

▶ 範例 3（左下圖）
將照片滿版配置當作背景，並且讓文字對齊，會給人截然不同的設計感

找出對齊的位置！

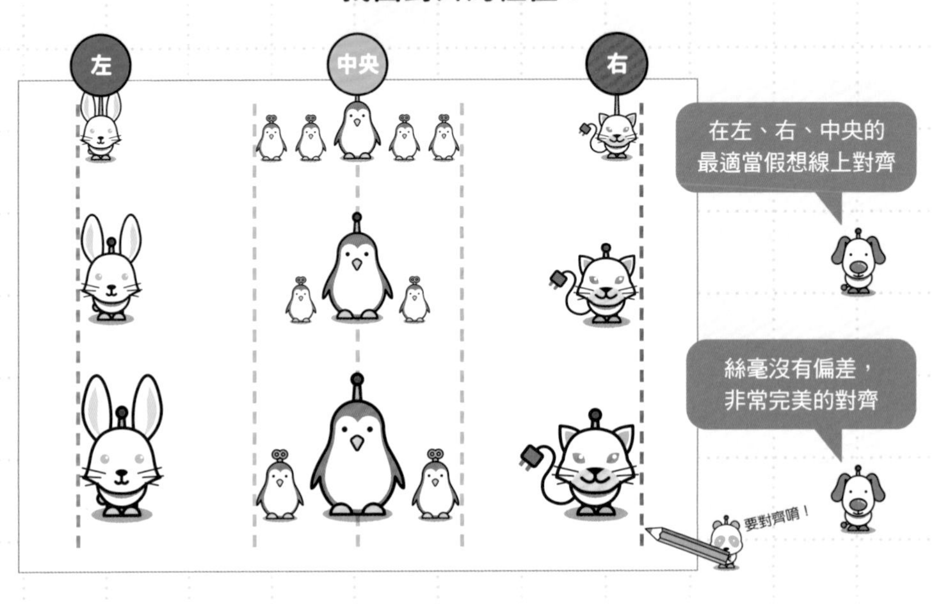

決定對齊的方式！

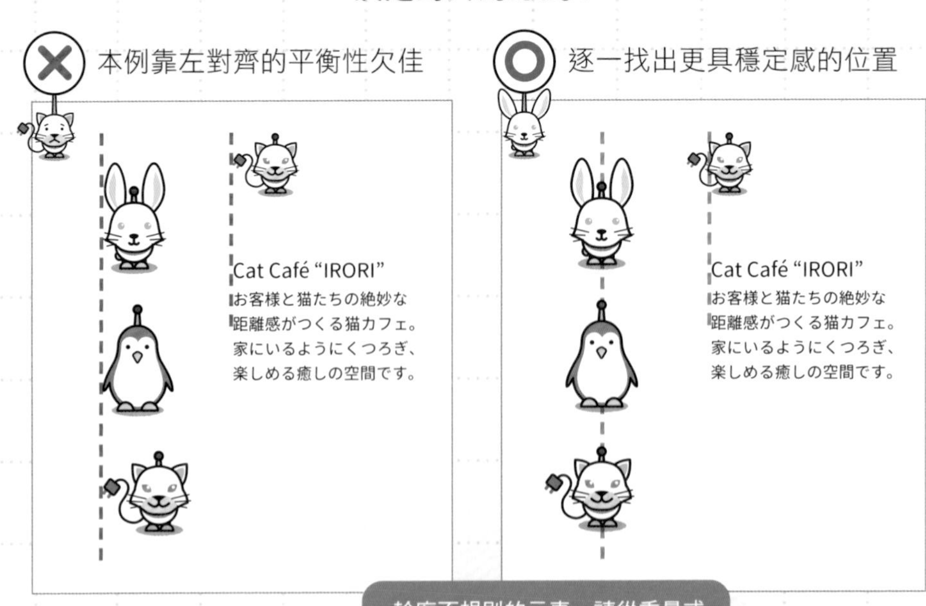

旅行社的提案資料：哪一個版型比較容易閱讀？

※標題中譯：「江戶風情懷舊之旅 - 贈送100 組名額共 200 位旅客優惠！」

A

B

提示　刻意營造留白的空間，可呈現寬鬆與緊湊感的對比之美。

Q 12 的答案 B

A

100組200名様にプレゼント!

江戸情緒
ふれあいツアー

NG 的理由

- ✕ 為了表現震撼力將照片放大配置，版面卻很擁擠
- ✕ 文章的配置妨礙了構圖效果
- ✕ 文章太過貼近左右兩邊，使版面十分拘束

Good 的理由

- ○ 照片強調出攝影主體的存在感
- ○ 文章統一編排在右側
- ○ 縮小字級，營造美麗的留白

留白也是設計的一部份。不要把版面塞滿，反而會更好看！

❶ 刻意留白，讓版面衍生出寬鬆與緊湊感！

排版時如果堅持「這個也要那個也要」，容易做出元素過多的擁擠版面。「**留白**」是刻意打造空無一物的部分，藉此控制版面的平衡與氛圍。營造出寬鬆與緊湊感的留白，能醞釀出洗練的印象，創造出空間感與深度。

❷ 打造寬鬆的留白，該處的元素自然會變醒目！

若將元素放在空白處，看起來就會很明顯；同理可知，若元素周圍有留白，自然能吸引視線，不一定要將元素放大或是上色。留白的設計，可以控制版面整體的感覺，大面積留白會給人高級感與舒適感，小面積留白則會產生熱鬧感或緊湊感，請務必巧妙活用。

刻意留白，元素就變得清楚分明，即使不大也能自然地引人注目

斷句位置不佳、版面太擠，都會難以閱讀！調整文字方塊的留白即可改善

有些文章的斷句位置不佳，例如詞語被截斷、掉到下一行，閱讀時會感到不順暢。另外，若段落的間距太小，會覺得版面很擠。要修正這些問題，可調整**文字方塊的留白**，加大段落間距，讓文章區塊變明顯。

操作 1 加寬段落間距

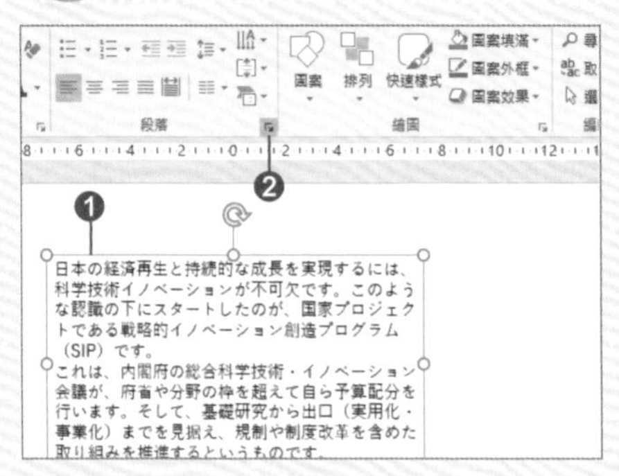

▲ ❶ 選取文字方塊→❷ 按下［常用］分頁中［段落］區的 ⧉ 鈕開啟［段落］交談窗

▲ ❸ 切換至［縮排和間距］分頁→❹ 設定［間距］的［後段］欄位數值（本例是12pt）→❺ 按下［確定］鈕

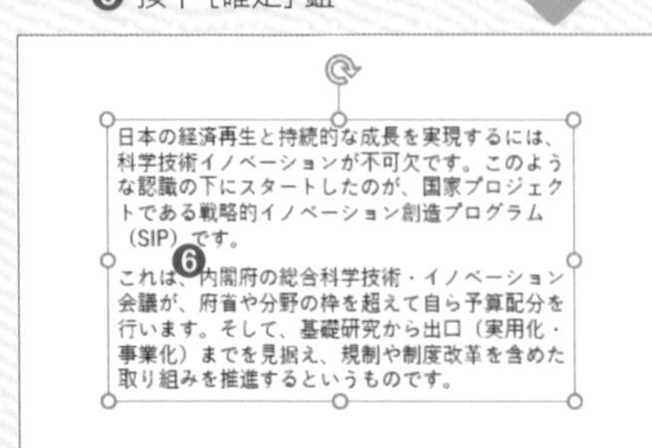

▲ ❻ 段落間距變大了

操作 2 調整文字方塊邊界

▲ 框中有一個字掉到下行：❶ 選取文字方塊→❷ 按右鈕執行『設定圖案格式』命令

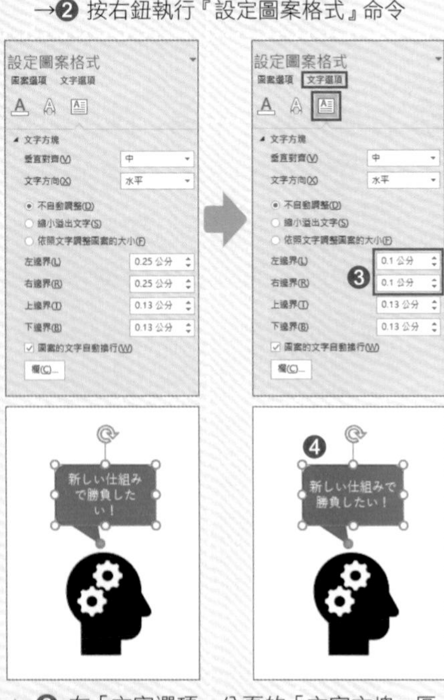

▲ ❸ 在「文字選項」分頁的「文字方塊」區，設定邊界數值（本例是將左右的邊界變更為「0.1 公分」）→❹ 讓文字緊排，分布更平均

不知道哪裡該留白時該怎麼辦？

留白是為了整合資訊、劃分區域，讓版面元素更清楚明確，或是營造特定的氣氛。不知道該在哪裡留白時，不妨試著從以下幾個地方來著手吧！

① 在元素與元素間製造留白

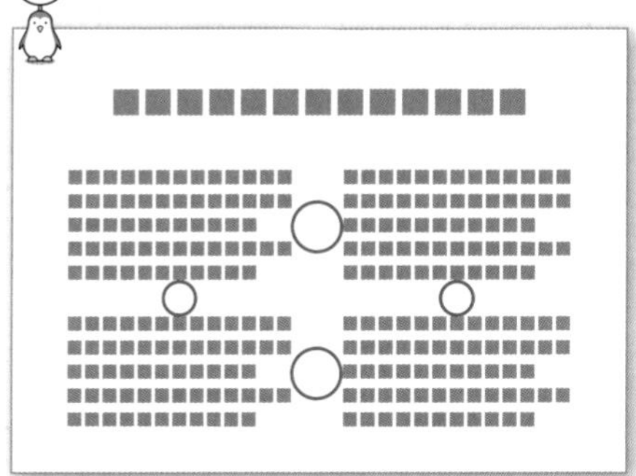

在元素與元素間製造留白，內容就會顯得更具整合性。若拉大留白的距離，即可區別不同的類別，展現內容之間的關聯性。

② 在紙張切口與元素間製造留白

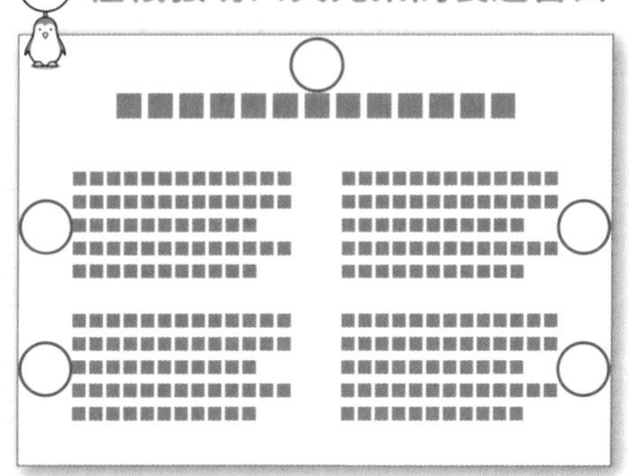

紙張的切口（裁切處）與元素間也要有留白。紙張左右兩邊、上下兩邊的留白一致，即可讓版面產生良好的視覺平衡。

③ 在標題與內文間製造留白

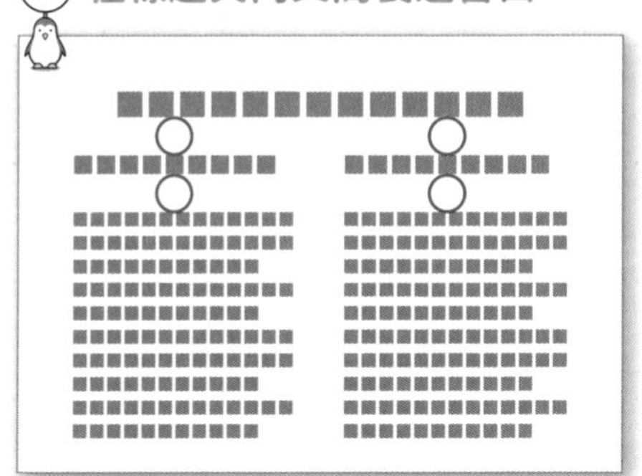

在標題與內文間製造留白，有助於理解內容。讓讀者可在閱讀標題後，先喘口氣再繼續閱讀內文，閱讀動線更加流暢。

④ 在圖像與內文間製造留白

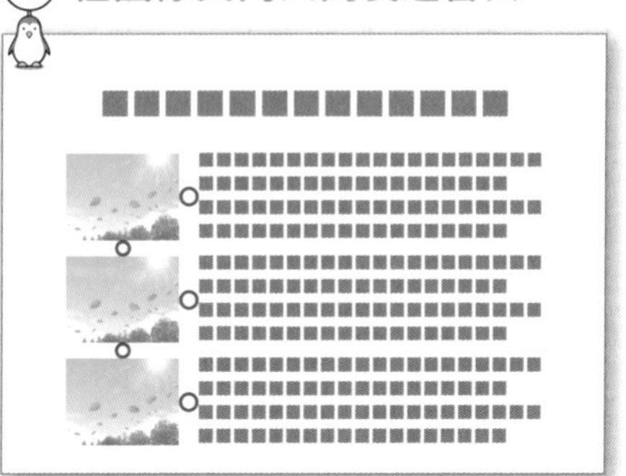

照片或圖解等圖像之間，與用來說明的文章等元素之間，也要製造留白，才不會讓版面太擠。請根據原則來設定各自的留白距離。

巧妙運用寬鬆與緊密的留白，打造出印象加分的設計！

範例1 在版面中適當地留白、大膽地留白

※標題中譯：「邁向全新通路的 RTD (Ready-to-Drink) 飲料市場促銷活動」

✕ 留白留得太少，資訊內容又太多，讀起來讓人厭煩，會感覺到製作者的草率

○ 製造適當的留白，可感受到穩重與信賴感

○ 同類的元素有相同的留白，會更容易理解

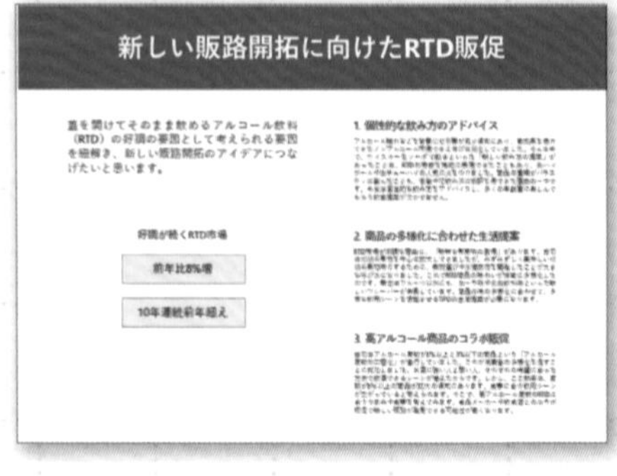

○ 刪減並且縮小文字，利用大膽的留白，讓標題更醒目

範例2 用寬鬆的留白表現輕鬆愜意感

朝はご飯だ。

◀ 照片與文字周圍保留大面積的留白，可讓讀者迅速注意到主角的存在感

君たちの未来は何色？

◀ 使用有留白的照片時，請挑選不破壞氣氛的簡潔句子

いま若者に人気の
あるSNSはコレだ!

▶ 把標語配置在拍攝的主體（筆）的指向處或視線的前方，即可有效引導讀者的視線

Popular places and resorts

若者に人気の海岸スポット。
中高年に人気のリゾート地。

▶ 主視覺照片有開闊的氣氛，因此運用寬鬆的留白，完成清爽的簡潔版面

版面的留白也是一種設計元素

求められるのは瞬発力。

ビジネスはすべからく相手があります。時々刻々と変化する舞台で相手の希望に応えるには、瞬間的に判断して、次の行動に移していく「瞬発力」が必要です。コミュニケーションの中の「瞬発力」がお互いの距離を近づけ、理解をさらに深めることに繋がっていくのです。転職する企業に求められるのは「瞬発力」のある人材です。

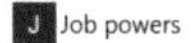

留白也是設計。請改掉老是想把版面塞滿的壞習慣！

留白是提升易讀性的緩衝區

CONCEPT

新業態の居酒屋の提案

安心の店、伝承の味。

本企画は「お一人様」が気軽に食事ができ、短時間で「ちょい飲み」する場所としてもお酒を楽しめる新業態の居酒屋の提案です。

昨今の未婚と晩婚化、高齢化による核家族化、仕事の勤務形態・勤務時間の多様化などで、複数の人が一緒に行動する機会が減少しています。今後は「お一人様」飲みや短時間の「ちょい飲み」といった細かなニーズに応えることが欠かせません。

そこで、当社が強みとしている店内調理や料理法、産地にこだわった安心・安全かつ本格的な東北料理を提供します。一人前540円から楽しめる「地元鍋」を始め、本店伝承の「一口餃子」を看板商品にします。

他社人気店を見ると、メニューの充実とともに内装にこだわっていることも見逃せません。老舗として信用度の高い弊店の新しい業態の居酒屋は、好意的な目で迎えられることでしょう。

一人でも入りやすい渋谷A店

メニューが充実している六本木B店

落ち着いた空間を漂わす中目黒C店

3

留白設計可讓人區分不同類別的內容，引導讀者流暢地閱讀！

Q13

活動的單頁企劃書：哪一個容易掌握提案目的？

※標題中譯：「品牌體驗活動之客戶變身企劃（內文為提供眼線產品體驗，60 秒變身大眼女孩）」

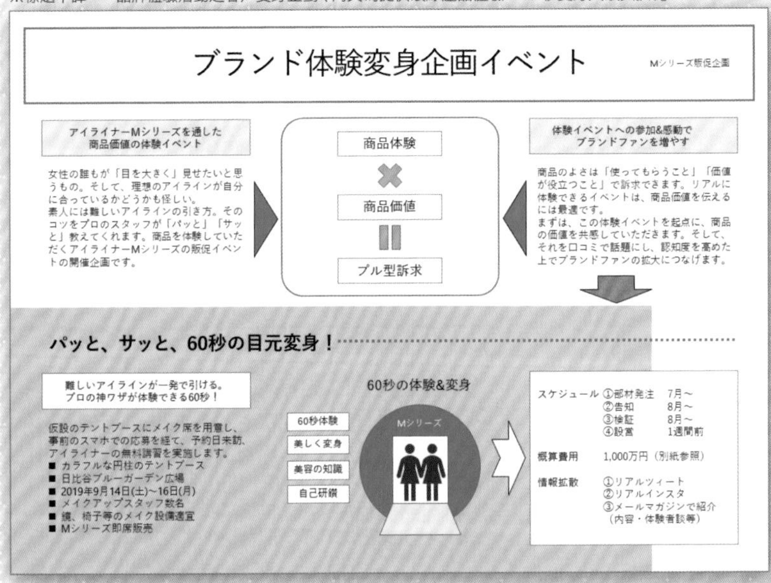

A

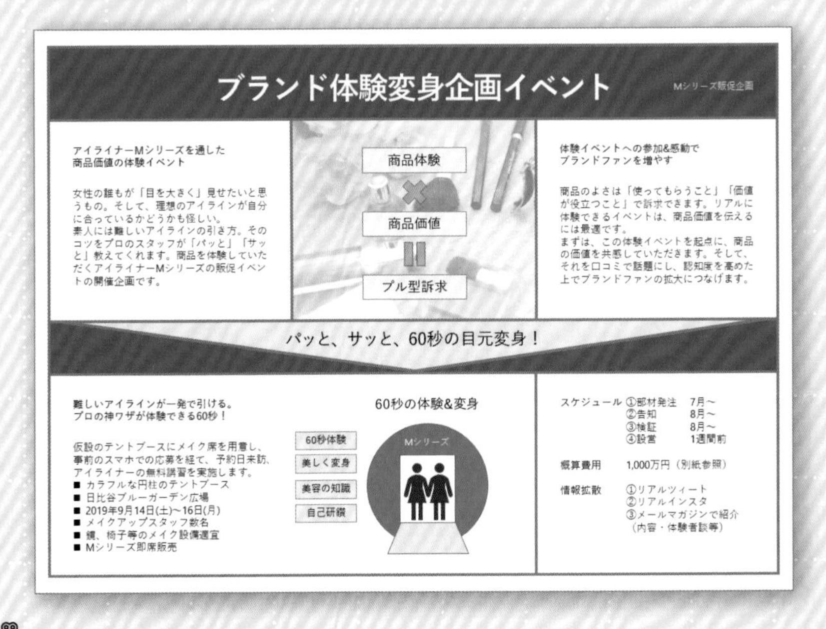

B

提示 在循序閱讀的過程中，如果能自然而然地記住主旨，就是好的版面。

A 13

Q 13 的答案　B

A

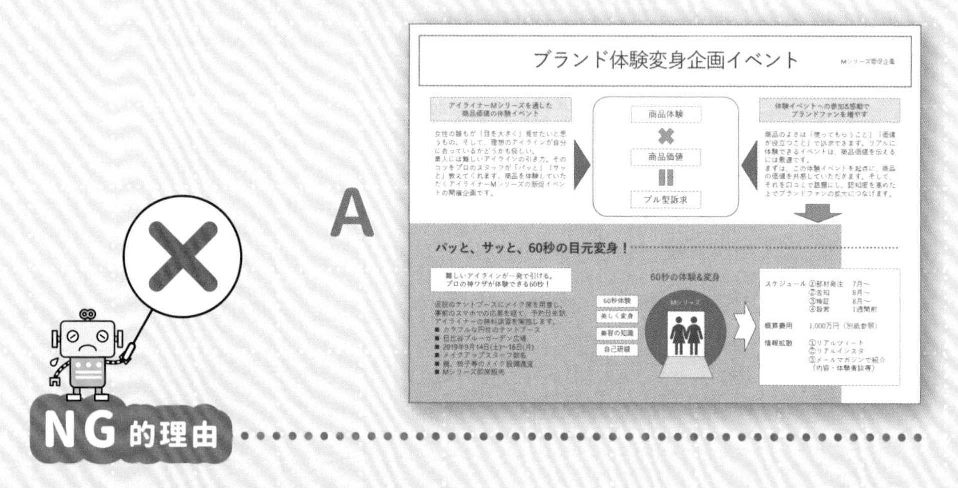

NG 的理由

× 版面中充斥著各式各樣的圖形

× 過多元素使版面顯得雜亂而不沉穩

× 用來指引閱讀順序的箭頭圖形太過醒目

B

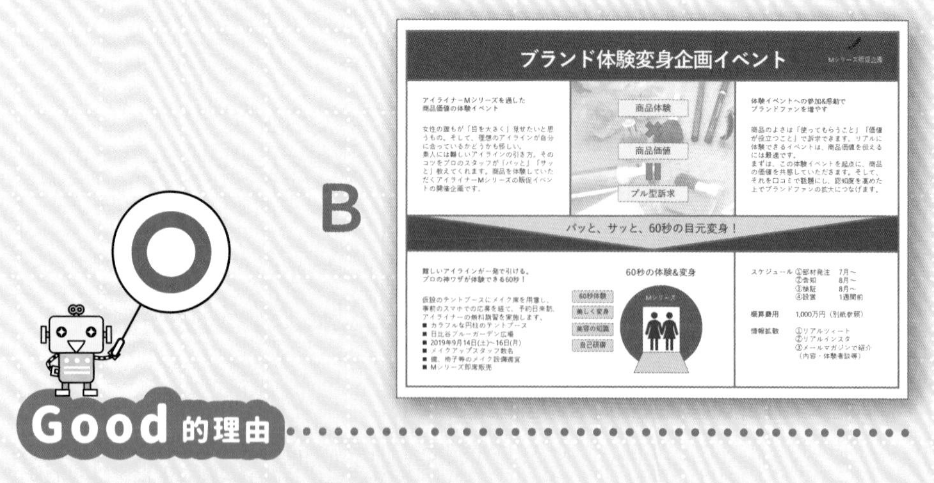

Good 的理由

○ 區塊型的版面顯得井然有序

○ 從上半段引導至下半段主旨的閱讀動線相當流暢

○ 活用適當的留白與對齊設計，不會給人「被框住」的拘束感

充滿資訊的單頁企劃書，請引導讀者循序閱讀！

❶「Z 字形」的編排，即可引導視線自然地移動！

當版面中訊息量很多，建議讓讀者順著論點依序閱讀，才能順利地傳達。如果觀眾視線能隨著內容自然移動，簡報的成功率也會提高。通常最自然的視覺動線，就是「從左到右」、「從上到下」移動的 **Z 字形編排**，可讓人毫無壓力地持續閱讀。

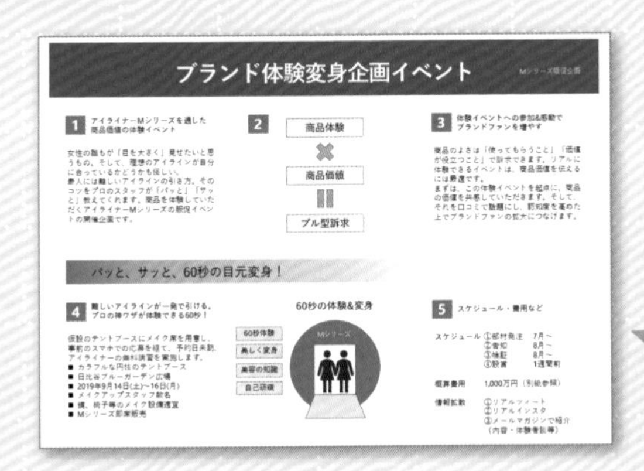

若不想用區塊型的編排，只要替標題加上編號，就能讓讀者理解順序！

❷ 不過度放大、不過於醒目，自然地引導視線！

要引導觀眾的視線，除了利用編號指引，也可以用指標般的箭頭來指引，最適當的圖形是等邊三角形或實心箭頭。讀者的視線通常會隨著有尖角的方向移動，不過要注意的是，箭頭角度太大會給人強迫感，過大或顏色太鮮豔的圖形也會破壞版面。因此建議使用角度緩和、淺色、無框線的圖形。

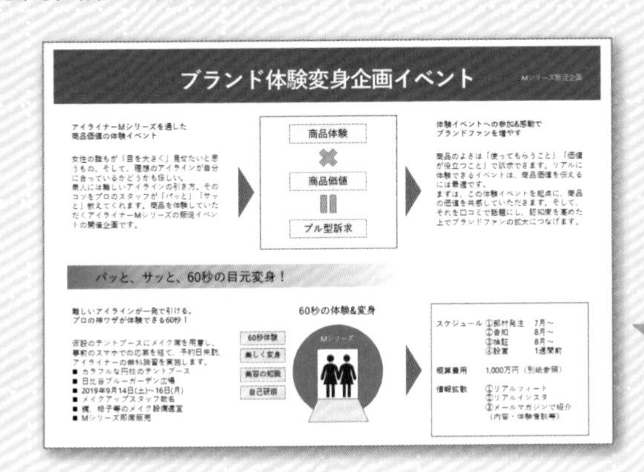

能輕鬆誘導視線的圖形就是最佳選擇。請不要用太多，只要在想斷開視線的地方使用就好！

設計容易閱讀的動線，就像看故事般流暢，避免讀者困惑

範例1 用自然的視覺動線來誘導

中央配置的倒梯形營造出「上段→下段」的動線

在標題內配置圖形，可以作為重點裝飾並吸引目光

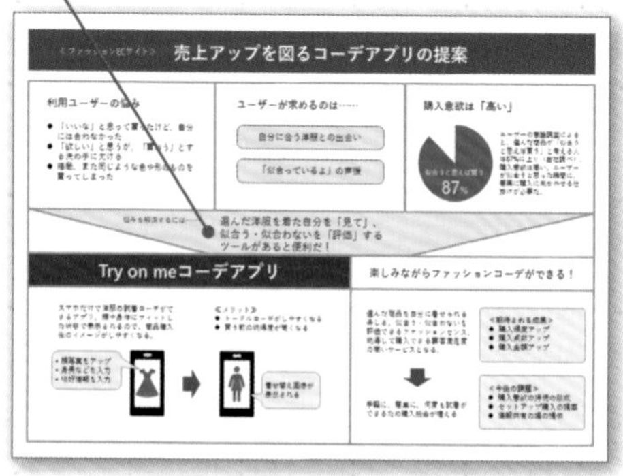

▲「左→右」、「上→下」的動線，是自然的視覺動線

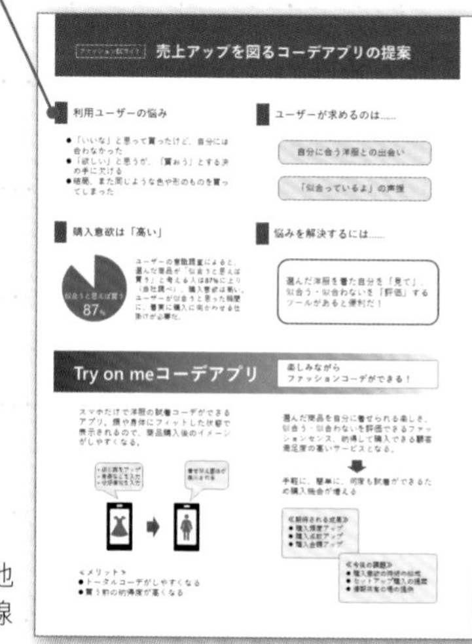

▶ 直式版面，會自然地呈現由上往下的動線

範例2 用箭頭圖形溫和引導

不要隨意配置箭頭圖形，只要放在動線有停滯的地方

外框使用角度平緩的箭頭圖形，讓版面整體具有一致性

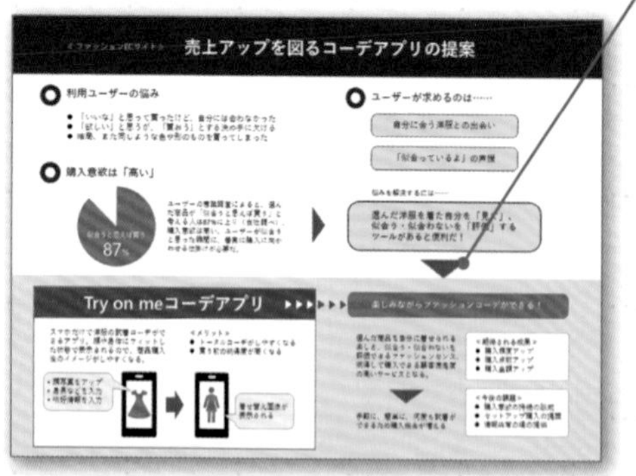

▲ 版面變得雜亂時，可用箭頭圖形指引到接續閱讀的地方

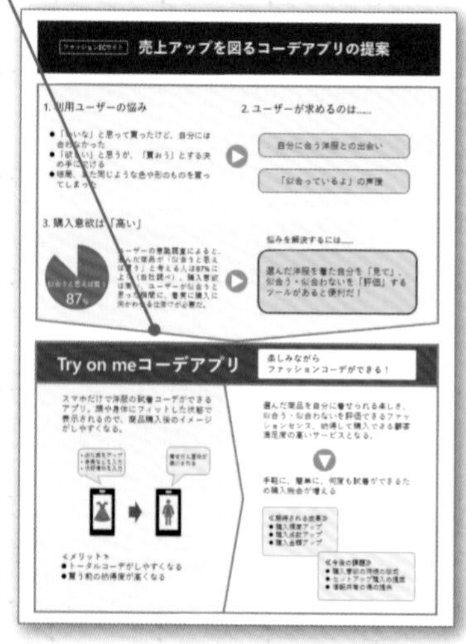

▶ 用圖形的形狀或尺寸，適當表現出動線強弱或元素的關聯性

利用「非 Z 字形動線」營造強烈的印象

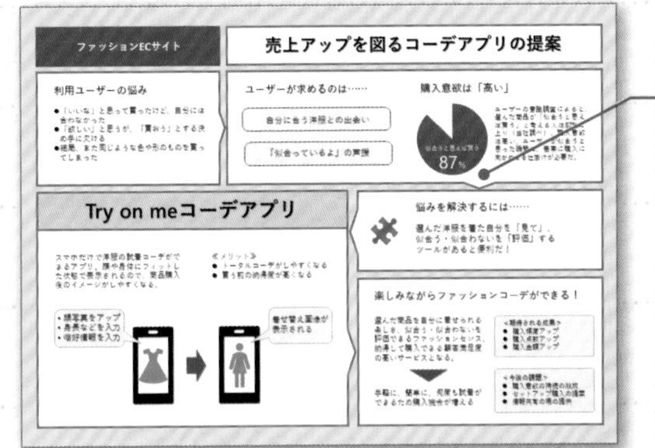

與自然的閱讀動線相反時，請做出可引導視線的設計

▶ 如果目的是追求震撼力，可試著編排非 Z 字形的閱讀動線

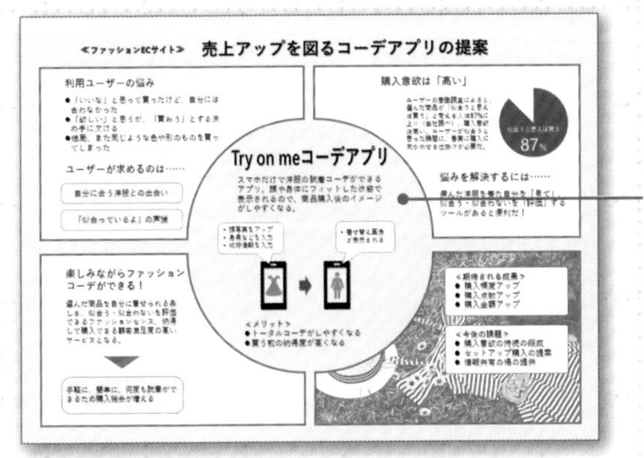

放在版面正中央的內容，可一眼看出是最重要的核心！

▶ 把希望讀者最先看到的資訊配置在版面中央，就會顯得相當醒目

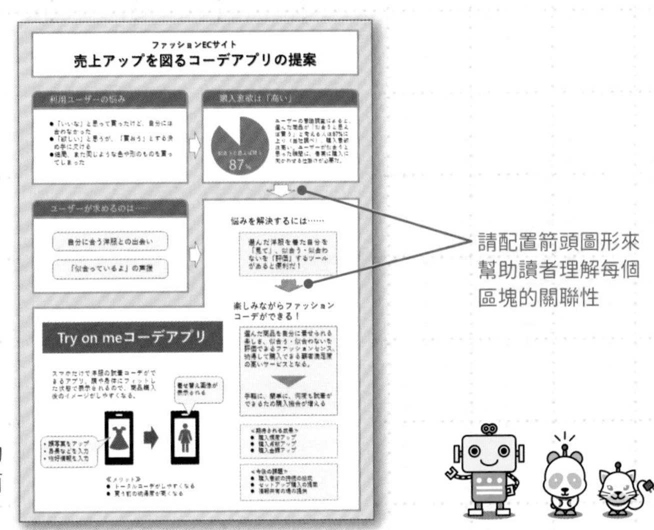

請配置箭頭圖形來幫助讀者理解每個區塊的關聯性

▶ 若使用不規則的圖形，可替版面營造變化與重點

不想用箭頭圖形引導視線時該怎麼辦？

老是用箭頭或三角形來誘導視線，難免會覺得版面失去了沉穩與高級感。其實如果活用**數字或吸睛元素**，也可以有效地引導讀者的視線。

① 加上數字圖示

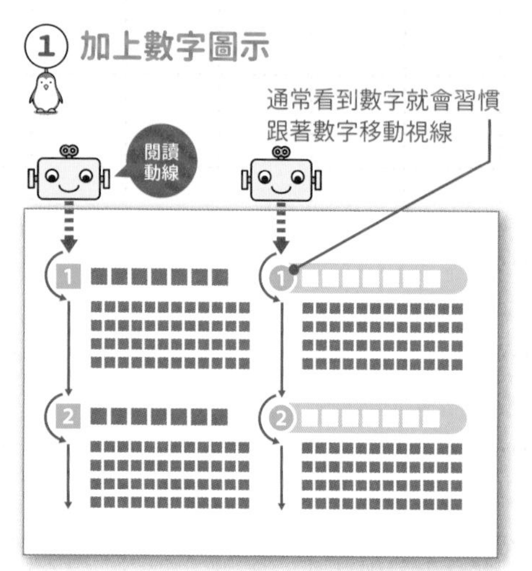

替標題加上 1、2、3 等數字，可讓閱讀順序更清楚明確。即使是稍微不規則的排法，一般人的習慣也都是會順著數字編號閱讀。想要提升高級感時，也可以用羅馬數字（Ⅰ、Ⅱ、Ⅲ）。

② 加上裝飾用的圖示

加入簡單的圖示或單一文字，就有強調重點的效果

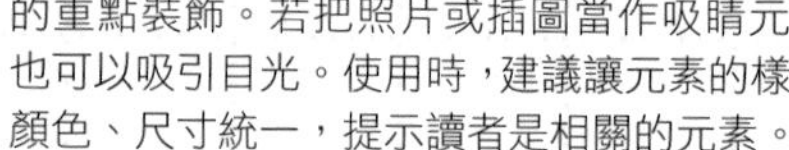

■或◆這類符號或圖示，都是能有效引導視線的重點裝飾。若把照片或插圖當作吸睛元素，也可以吸引目光。使用時，建議讓元素的樣式、顏色、尺寸統一，提示讀者是相關的元素。

③ 將重點放大

讓文字有大小差異，就會衍生優先順序

人的觀看習慣是從「大的東西」往「小的東西」移動。一般而言，如果有大張照片或插圖就會先看，接著再看內文。因此把重要的訊息、想優先呈現的東西都放大，就是基本原則。

④ 活用漸層元素

利用圖案與漸層的組合來引導視線

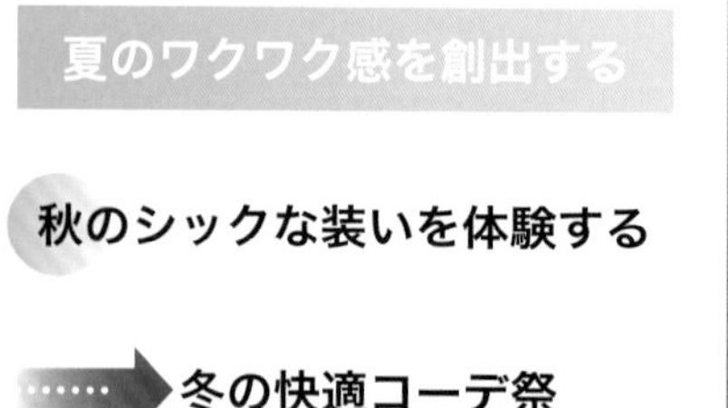

漸層色是讓顏色深淺呈現階段性的變化。由深到淺平順的移動，可讓版面衍生節奏感。若有太明顯的上色圖形，可以試著加上無框的漸層色塊來將它變柔和。

市調報告的簡報：哪一個適合比較數據？

※標題中譯：「男性與女性的視線焦點大不同：男性健身重點通常是腹肌與腿，女性關注的卻是手臂與背肌」

男性と女性の目線に大きなズレ

男性がジムで鍛えているのは「腹筋」と「足」ですが、
女性が注目している筋肉は「腕」と「背中」です。

順位	男性目線	女性目線
1	腹筋（42.9%）	腕（35%）
2	足（22.9%）	背中（22.9%）
3	胸（16.1%）	腹筋（16.1%）
4	腕（9.4%）	胸（13.3%）
5	その他（7.9%）	足（9%）
6	背中（6.1%）	お尻（1.2%）

（出所：「ジムちゃんねる調べ」/2018年11月）

A

男性と女性の目線に大きなズレ

男性がジムで鍛えているのは「腹筋」と「足」ですが、
女性が注目している筋肉は「腕」と「背中」です。

■男性目線
1. 腹筋（42.9%）
2. 足（22.9%）
3. 胸（16.1%）
4. 腕（9.4%）
5. その他（7.9%）
6. 背中（6.1%）

■女性目線
1. 腕（35%）
2. 背中（22.9%）
3. 腹筋（16.1%）
4. 胸（13.3%）
5. 足（9%）
6. お尻（1.2%）

（出所：「ジムちゃんねる調べ」/2018年11月）

B

將資訊內容加以區分，會更容易比較項目間的差異。

A 14

Q 05 的答案 A

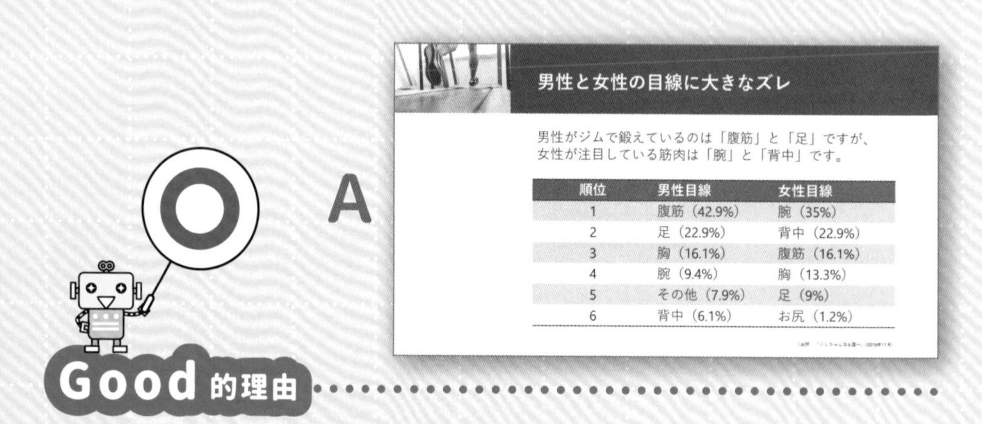

○ 利用表格可將資訊內容清楚地分類

○ 能輕鬆比較描述男性與描述女性的資訊

○ 用表格呈現 3 種項目的版面具穩定感

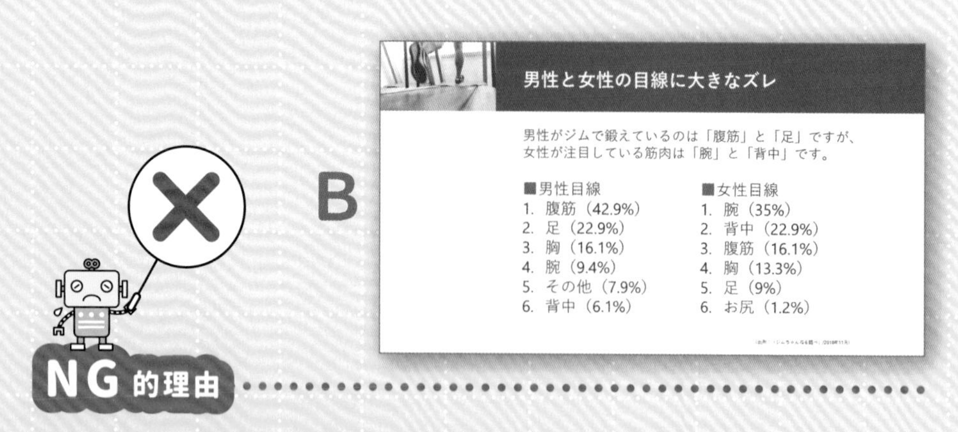

✕ 條列項目占了兩個區塊

✕ 因此，■與順序編號都重複了

✕ 無法順利比較描述男性與描述女性的資訊

想要有效地整理大量資訊時，建議優先使用表格！

❶ 用表格整理，可將資訊清楚地分類呈現！

表格的強項就是能整理資訊。透過表格，輕輕鬆鬆就能把大量的資訊分類整理，是在製作資料時很適合的表現手法。此外，在製作表格的過程中，必須斟酌資料的選擇與整理方式，有助於釐清製作者雜亂的思緒。

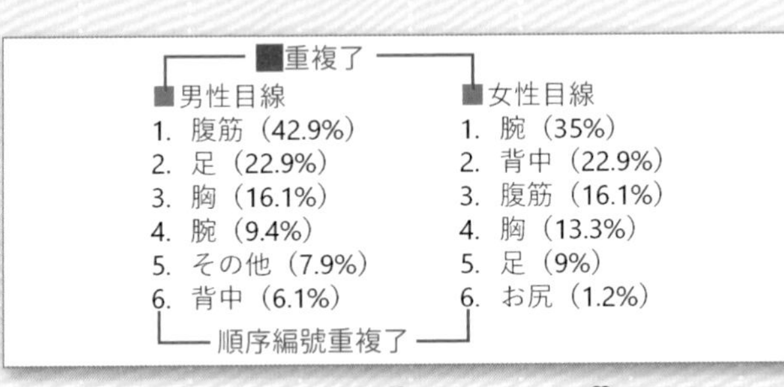

條列項目並非萬能的表現方法。多餘資訊在比較時會造成干擾

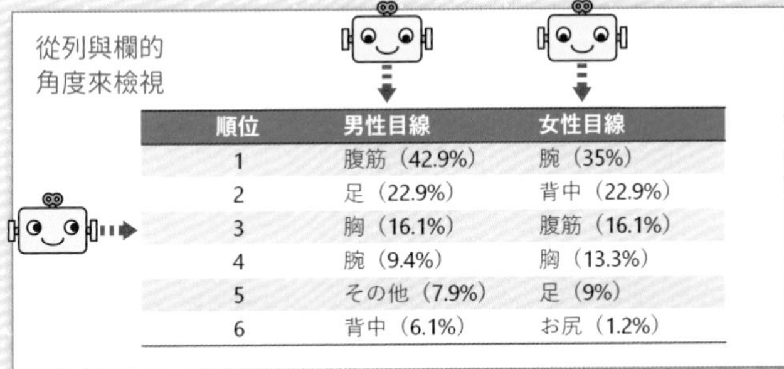

順位	男性目線	女性目線
1	腹筋（42.9%）	腕（35%）
2	足（22.9%）	背中（22.9%）
3	胸（16.1%）	腹筋（16.1%）
4	腕（9.4%）	胸（13.3%）
5	その他（7.9%）	足（9%）
6	背中（6.1%）	お尻（1.2%）

表格可透過列與欄的交點來掌握資訊，更容易比較與檢討資訊

❷ 表格的重點是簡單清楚，只要最低限度的裝飾就好！

大家好像覺得表格「只要畫好格狀框線就完成了」，其實表格設計也大有學問，若只用黑色容易顯得資料單調，若顏色太多又太過醒目。建議稍做裝飾即可，為了提升資訊辨識度，只要做最低限度的裝飾就足夠了。設計簡潔的表格，可讓資訊更清楚，這正是表格的強項。

讓表格更清楚明確的訣竅

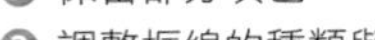

❶ 儲存格不要畫框線
❷ 保留部分填色
❸ 調整框線的種類與粗細
❹ 儲存格內容與框線間的間距適當
❺ 標題與文字資料靠左對齊
❻ 若有數值資料要加上位數區隔逗號，並設定靠右對齊
❼ 列的高度或欄的寬度要統一

儲存格內容與框線的距離會影響視覺效果。變更儲存格的邊界，看起來會更美觀！

表格內的文字若是太貼近框線，會顯得很拘束。請在版面的允許範圍內，試著加大儲存格的邊界吧！從功能區即可變更儲存格周圍的邊界。

操作1 調整儲存格的邊界

❶ 選取表格
❷ 按下［表格工具／版面配置］分頁［對齊方式］區的［儲存格邊界］鈕
❸ 從選單中選擇［寬］
❹ 儲存格的邊界變大了

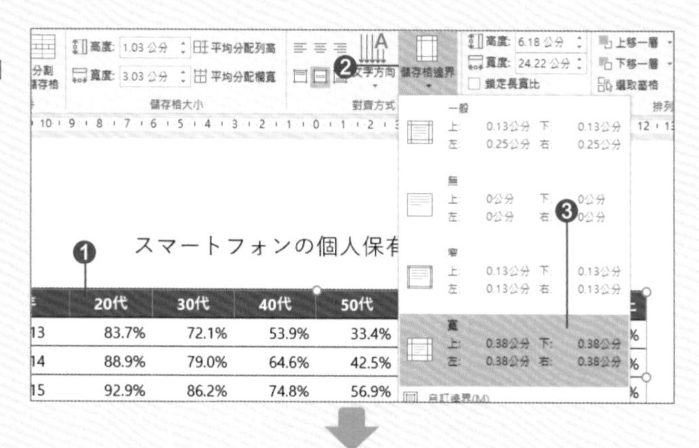

❹

スマートフォンの個人保有率の推移

年	20代	30代	40代	50代	60代	70代	80歲以上
2013	83.7%	72.1%	53.9%	33.4%	11.0%	3.7%	1.6%
2014	88.9%	79.0%	64.6%	42.5%	16.2%	5.3%	1.2%
2015	92.9%	86.2%	74.8%	56.9%	28.4%	9.2%	1.9%
2016	94.2%	90.4%	79.9%	66.0%	33.4%	13.1%	3.3%
2017	94.5%	91.7%	85.5%	72.7%	44.6%	18.8%	6.1%

操作2 自訂儲存格的邊界

要自訂儲存格的邊界時，請在上述的步驟 ❸ 改為選擇［自訂邊界］，然後在［自訂邊界］交談窗的［內邊界］設定上下左右的數值（本圖是預設值）。

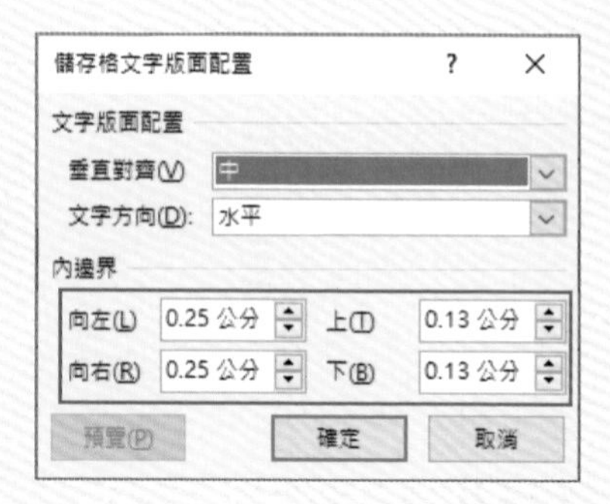

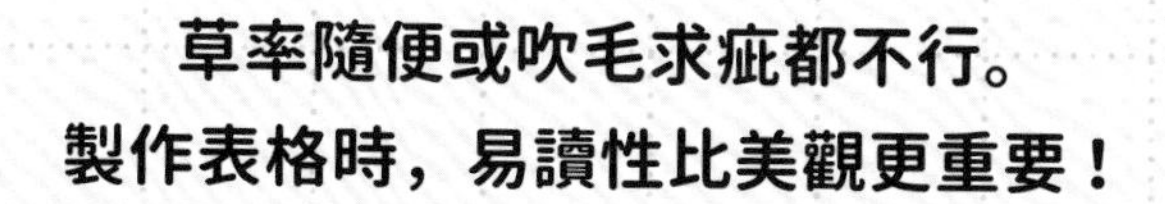

避免直接使用標準設定

年	20代	30代	40代	50代	60代	70代	80歲以上
2013	83.7%	72.1%	53.9%	33.4%	11.0%	3.7%	1.6%
2014	88.9%	79.0%	64.6%	42.5%	16.2%	5.3%	1.2%
2015	92.9%	86.2%	74.8%	56.9%	28.4%	9.2%	1.9%
2016	94.2%	90.4%	79.9%	66.0%	33.4%	13.1%	3.3%
2017	94.5%	91.7%	85.5%	72.7%	44.6%	18.8%	6.1%

✕ 新增表格後，直接輸入資料、不做任何調整就完成，這樣子是不行的

年	20代	30代	40代	50代	60代	70代	80歲以上
2013	83.7%	72.1%	53.9%	33.4%	11.0%	3.7%	1.6%
2014	88.9%	79.0%	64.6%	42.5%	16.2%	5.3%	1.2%
2015	92.9%	86.2%	74.8%	56.9%	28.4%	9.2%	1.9%
2016	94.2%	90.4%	79.9%	66.0%	33.4%	13.1%	3.3%
2017	94.5%	91.7%	85.5%	72.7%	44.6%	18.8%	6.1%

✕ 套用預設的「表格樣式」之後，看起來比較美觀，但是辨識度不佳

避免製作充滿拘束感的表格

年	20代	30代	40代	50代	60代	70代	80歲以上
2013	83.7%	72.1%	53.9%	33.4%	11.0%	3.7%	1.6%
2014	88.9%	79.0%	64.6%	42.5%	16.2%	5.3%	1.2%
2015	92.9%	86.2%	74.8%	56.9%	28.4%	9.2%	1.9%
2016	94.2%	90.4%	79.9%	66.0%	33.4%	13.1%	3.3%
2017	94.5%	91.7%	85.5%	72.7%	44.6%	18.8%	6.1%

✕ 格狀框線中，每一欄都有不同的儲存格寬度，會讓表格顯得很拘束

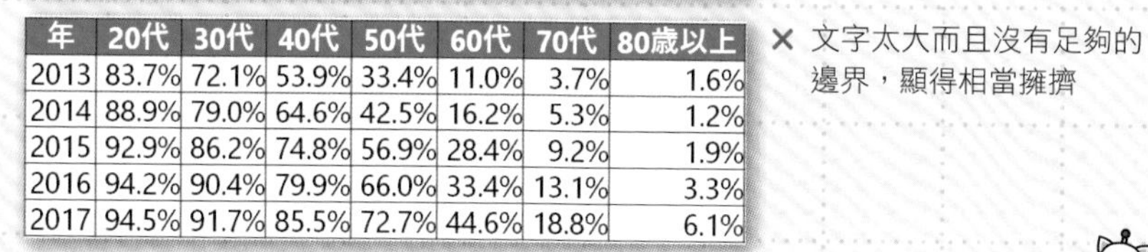

年	20代	30代	40代	50代	60代	70代	80歲以上
2013	83.7%	72.1%	53.9%	33.4%	11.0%	3.7%	1.6%
2014	88.9%	79.0%	64.6%	42.5%	16.2%	5.3%	1.2%
2015	92.9%	86.2%	74.8%	56.9%	28.4%	9.2%	1.9%
2016	94.2%	90.4%	79.9%	66.0%	33.4%	13.1%	3.3%
2017	94.5%	91.7%	85.5%	72.7%	44.6%	18.8%	6.1%

✕ 文字太大而且沒有足夠的邊界，顯得相當擁擠

避免過度裝飾

年	20代	30代	40代	50代	60代	70代	80歲以上
2013	83.7%	72.1%	53.9%	33.4%	11.0%	3.7%	1.6%
2014	88.9%	79.0%	64.6%	42.5%	16.2%	5.3%	1.2%
2015	92.9%	86.2%	74.8%	56.9%	28.4%	9.2%	1.9%
2016	94.2%	90.4%	79.9%	66.0%	33.4%	13.1%	3.3%
2017	94.5%	91.7%	85.5%	72.7%	44.6%	18.8%	6.1%

✕ 所有儲存格都有填色，使視覺沉重，反而難以閱讀。請記住基本原則是「淺色＆隔行填色」

年	20代	30代	40代	50代	60代	70代	80歲以上
2013	83.7%	72.1%	53.9%	33.4%	11.0%	3.7%	1.6%
2014	88.9%	79.0%	64.6%	42.5%	16.2%	5.3%	1.2%
2015	92.9%	86.2%	74.8%	56.9%	28.4%	9.2%	1.9%
2016	94.2%	90.4%	79.9%	66.0%	33.4%	13.1%	3.3%
2017	94.5%	91.7%	85.5%	72.7%	44.6%	18.8%	6.1%

✕ 列與欄的標題都有填色，但整體視覺平衡顯得不夠穩定，也不太好看

正因為表格的表現方法有限，所以更要注意小細節！

範例1 減少框線使表格更美觀

国名	2018年	2017年	2016年	2015年	2014年
中国	8,380,100	7,355,818	6,373,564	4,993,689	2,409,158
韓国	7,539,000	7,140,438	5,090,302	4,002,095	2,755,313
台湾	4,757,300	4,564,053	4,167,512	3,677,075	2,829,821
香港	2,207,900	2,231,568	1,839,193	1,524,292	925,975
タイ	1,132,100	987,211	901,525	796,731	657,570
シンガポール	437,300	404,132	361,807	308,783	227,962

▲ 標題與最後一列畫粗線，而不畫垂直線與內部的橫線，看起來更乾淨清爽

国名	2018年	2017年	2016年	2015年	2014年
中国	8,380,100	7,355,818	6,373,564	4,993,689	2,409,158
韓国	7,539,000	7,140,438	5,090,302	4,002,095	2,755,313
台湾	4,757,300	4,564,053	4,167,512	3,677,075	2,829,821
香港	2,207,900	2,231,568	1,839,193	1,524,292	925,975
タイ	1,132,100	987,211	901,525	796,731	657,570
シンガポール	437,300	404,132	361,807	308,783	227,962

▲ 標題與最後一列是實線，其他列使用粗的點線。因為是點線，所以看起來不會沉重

国名	2018年	2017年	2016年	2015年	2014年
中国	8,380,100	7,355,818	6,373,564	4,993,689	2,409,158
韓国	7,539,000	7,140,438	5,090,302	4,002,095	2,755,313
台湾	4,757,300	4,564,053	4,167,512	3,677,075	2,829,821
香港	2,207,900	2,231,568	1,839,193	1,524,292	925,975
タイ	1,132,100	987,211	901,525	796,731	657,570
シンガポール	437,300	404,132	361,807	308,783	227,962

▲ 表格只用實心的橫線。線條是灰色，所以每一列都畫線也不會覺得黑壓壓一片

国名	2018年	2017年	2016年	2015年	2014年
中国	8,380,100	7,355,818	6,373,564	4,993,689	2,409,158
韓国	7,539,000	7,140,438	5,090,302	4,002,095	2,755,313
台湾	4,757,300	4,564,053	4,167,512	3,677,075	2,829,821
香港	2,207,900	2,231,568	1,839,193	1,524,292	925,975
タイ	1,132,100	987,211	901,525	796,731	657,570
シンガポール	437,300	404,132	361,807	308,783	227,962

▲ 項目間不畫直線，改為置入空白欄來區隔。將框線區隔開來即可逐一辨識各項目

範例2 用顏色美化表格外觀

順位	都道府県	収穫量(t)	前年産との比較		作付面積 (ha)	10a当たり 収量(kg)
			対差(t)	対比		
1	新潟県	627,600	15,900	103%	118,200	531
2	北海道	514,800	△67,000	88%	104,000	495
3	秋田県	491,100	△7,700	98%	87,700	560
4	山形県	374,100	△11,600	97%	64,500	580
5	宮城県	371,400	16,700	105%	67,400	551
6	福島県	364,100	12,700	104%	64,900	561
7	茨城県	358,400	900	100%	68,400	524
8	栃木県	321,800	28,000	110%	58,500	550
9	千葉県	301,400	1,700	101%	55,600	542
10	岩手県	273,100	7,700	103%	50,300	543

▲ 標題填入淺綠色來強調內容，標題與最後一列都加上實心橫線

順位	都道府県	収穫量(t)	前年産との比較		作付面積 (ha)	10a当たり 収量(kg)
			対差(t)	対比		
1	新潟県	627,600	15,900	103%	118,200	531
2	北海道	514,800	△67,000	88%	104,000	495
3	秋田県	491,100	△7,700	98%	87,700	560
4	山形県	374,100	△11,600	97%	64,500	580
5	宮城県	371,400	16,700	105%	67,400	551
6	福島県	364,100	12,700	104%	64,900	561
7	茨城県	358,400	900	100%	68,400	524
8	栃木県	321,800	28,000	110%	58,500	550
9	千葉県	301,400	1,700	101%	55,600	542
10	岩手県	273,100	7,700	103%	50,300	543

▲ 將標題填色並將文字反白，然後隔行填入淡淡的底色。完全沒有使用框線

順位	都道府県	収穫量(t)	前年産との比較		作付面積 (ha)	10a当たり 収量(kg)
			対差(t)	対比		
1	新潟県	627,600	15,900	103%	118,200	531
2	北海道	514,800	△67,000	88%	104,000	495
3	秋田県	491,100	△7,700	98%	87,700	560
4	山形県	374,100	△11,600	97%	64,500	★ 580
5	宮城県	371,400	16,700	105%	67,400	551
6	福島県	364,100	12,700	104%	64,900	561
7	茨城県	358,400	900	100%	68,400	524
8	栃木県	321,800	28,000	110%	58,500	550
9	千葉県	301,400	1,700	101%	55,600	542
10	岩手県	273,100	7,700	103%	50,300	543

▲ 若要突顯特定欄或列的資料，使用襯底色搭配反白字的效果最好

順位	都道府県	収穫量(t)	前年産との比較		作付面積 (ha)	10a当たり 収量(kg)
			対差(t)	対比		
1	新潟県	627,600	15,900	103%	118,200	531
2	北海道	514,800	△67,000	88%	104,000	495
3	秋田県	491,100	△7,700	98%	87,700	560
4	山形県	374,100	△11,600	97%	64,500	580
5	宮城県	371,400	16,700	105%	67,400	551
6	福島県	364,100	12,700	104%	64,900	561
7	茨城県	358,400	900	100%	68,400	524
8	栃木県	321,800	28,000	110%	58,500	550
9	千葉県	301,400	1,700	101%	55,600	542
10	岩手県	273,100	7,700	103%	50,300	543

▲ 將所有的儲存格都填入顏色，並在表格內畫出白色框線，可區隔資料並減輕壓迫感

調整文字大小與邊界來提升易讀性

選べる英会話コース

名称	内容	授業時間	週回数	期間	授業料(税込)
ビジネスコース	ビジネスシーンで通用する英語力を身につける	50分	週1回	12ヶ月	123,120
トラベルコース	旅行先でよく使うフレーズを身につける	50分	週2回	6ヶ月	106,272
留学準備コース	渡航準備に合わせて語学の基礎を身につける	50分	週2回	4ヶ月	56,160

△ 若套用標準設定，可能會因為資訊量的多寡差異使表格顯得空洞或過大

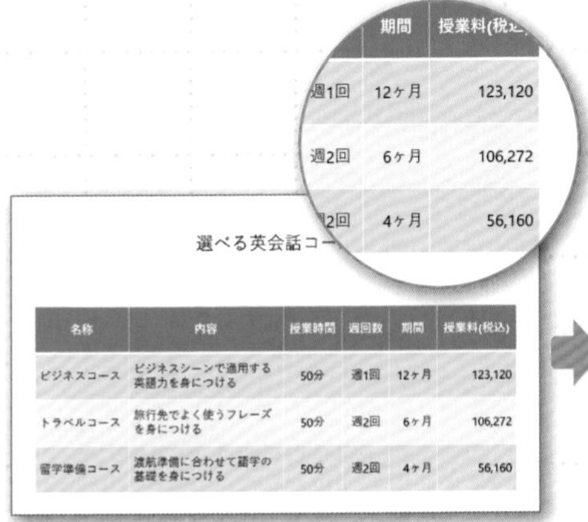

○ 將列高加大為「1.78cm→2.5cm」，即可營造空間感，讓內容更好讀

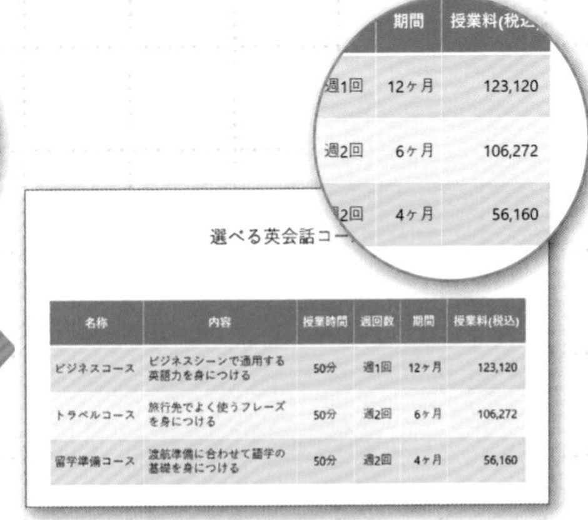

○ 把「授業料（學費）」儲存格的右邊界加寬為「0.25cm→0.5cm」，以免太貼近右邊

選べる英会話コース

名称	内容	授業時間	週回数	期間	授業料(税込)
ビジネスコース	ビジネスシーンで通用する英語力を身につける	50分	週1回	12ヶ月	123,120
トラベルコース	旅行先でよく使うフレーズを身につける	50分	週2回	6ヶ月	106,272
留学準備コース	渡航準備に合わせて語学の基礎を身につける	50分	週2回	4ヶ月	56,160

○ 字體原本是「游黑體＋Segoe UI」，在此變更為「Meiryo」，以提升視認性

要讓表格看起來清楚明確，重點就是「框線」、「顏色」、「邊界」這 3 點！

スマートフォンの個人保有率の推移

年	20代	30代	40代	50代	60代	70代	80歳以上
	バリバリ派		じっくり派			ゆったり派	
2013	83.7%	72.1%	53.9%	33.4%	11.0%	3.7%	1.6%
2014	88.9%	79.0%	64.6%	42.5%	16.2%	5.3%	1.2%
2015	92.9%	86.2%	74.8%	56.9%	28.4%	9.2%	1.9%
2016	94.2%	90.4%	79.9%	66.0%	33.4%	13.1%	3.3%
2017	94.5%	91.7%	85.5%	72.7%	44.6%	18.8%	6.1%

出典：総務省「通信利用動向調査」

減少框線，表格就會更好看唷！

這是因為不會看到多餘的資訊吧！

隔行才填色，視線會更容易瀏覽內容！

請使用淺色

スマートフォンの個人保有率の推移

年	20代	30代	40代	50代	60代	70代	80歳以上
	バリバリ派		じっくり派			ゆったり派	
2013	83.7%	72.1%	53.9%	33.4%	11.0%	3.7%	1.6%
2014	88.9%	79.0%	64.6%	42.5%	16.2%	5.3%	1.2%
2015	92.9%	86.2%	74.8%	56.9%	28.4%	9.2%	1.9%
2016	94.2%	90.4%	79.9%	66.0%	33.4%	13.1%	3.3%
2017	94.5%	91.7%	85.5%	72.7%	44.6%	18.8%	6.1%

出典：総務省「通信利用動向調査」

スマートフォンの個人保有率の推移

年	20代	30代	40代	50代	60代	70代	80歳以上
	バリバリ派		じっくり派			ゆったり派	
2013	83.7%	72.1%	53.9%	33.4%	11.0%	3.7%	1.6%
2014	88.9%	79.0%	64.6%	42.5%	16.2%	5.3%	1.2%
2015	92.9%	86.2%	74.8%	56.9%	28.4%	9.2%	1.9%
2016	94.2%	90.4%	79.9%	66.0%	33.4%	13.1%	3.3%
2017	94.5%	91.7%	85.5%	72.7%	44.6%	18.8%	6.1%

出典：総務省「通信利用動向調査」

加寬儲存格內部的邊界，即可讓數值更容易閱讀！

針對要強調的內容可改變文字的粗細或顏色來加以突顯

- 歐文字體變更為「Verdana」
- 把「50代」以外的資料變成灰色，並縮小字級
- 把「50代」的「%」文字變小

Q15

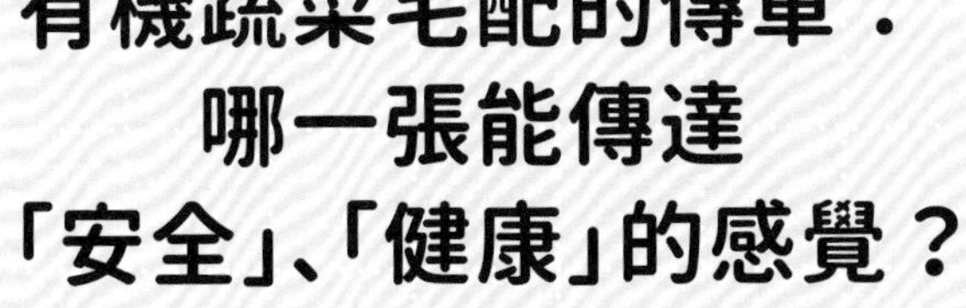

有機蔬菜宅配的傳單：哪一張能傳達「安全」、「健康」的感覺？

※標題中譯：「(當季蔬菜)可吃到 7 種有機蔬菜的組合」

A

B

黃色和綠色，用哪一種顏色搭配蔬菜會比較讓人想買呢？

A 15

Q 15 的答案 B

A

NG 的理由

- ✕ 黃色傳單散發出花俏和輕浮的感覺
- ✕ 用黃色搭配蔬菜照片無法引發食慾與安心感
- ✕ 標示價格的文字使用黃色與紅色的配色，給人「賤價銷售」的感覺

B

Good 的理由

- ○ 綠色讓人想到「大自然」、「生命力」
- ○ 用綠色搭配蔬菜的照片給人新鮮和美味的感覺，刺激購買慾望
- ○ 內文統一使用反白文字，具穩定感

理解每種色彩給人的既定印象，選用突顯訊息的配色！

請挑選能有效傳達訊息的色彩！

配色技巧取決於我們對顏色搭配的考量，看似憑感覺或依照個人品味挑選，實際上，要有效傳達訊息，就應該選擇符合該訊息的色彩。例如紅色給人熱情有活力的感覺、藍色給人清涼感與冷靜的感覺。舉例來說，若想訴求天然素材或戶外商品，選擇綠色會聯想到「大自然」和「平靜」，效果就會很好。事先理解各種顏色給人的既定印象，即可找出能突顯訊息的色彩。

黃色給人的印象

Discount Sale

⊕明朗・躍動 ↔ ⊖輕率・不安的感覺

紅色給人的印象

Amazing price

⊕熱情・行動力 ↔ ⊖危險・花俏

綠色給人的印象

Nature tour

⊕清爽・和平 ↔ ⊖不成熟・平凡

藍色給人的印象

Anniversary

⊕清潔・冷靜 ↔ ⊖冰冷・寒冷

挑選顏色的重點

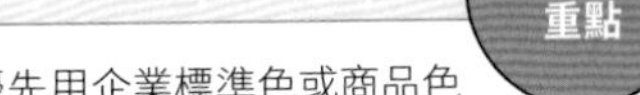

❶ 優先用企業標準色或商品色

❷ 使用可以聯想或強調資料內容的顏色

❸ 若想要激起積極向上、激動的情緒，建議挑選暖色系

❹ 若是訴求理性思考，則挑選冷色系

配色的重點

❶ 使用的顏色控制在 3 色以內

❷ 可以用同色系整合，再利用深淺色增添差異

❸ 只在想要強調的地方使用深色

用配色功能快速決定色彩！若有偏好色彩也可以自行調整。

不知道該如何配色，是很多人的困擾。如果是使用 PowerPoint，只要使用「**色彩**」功能即可自動配色，也可透過 [色彩] 交談窗挑選特定的色彩。

操作 1 用色彩模組決定顏色

直接套用 PowerPoint 預設色彩組合決定好的「配色」，即可將「文字填滿」或「圖案填滿」等功能的調色盤，變更為對應的色彩，這個功能可防止明顯的配色失誤。

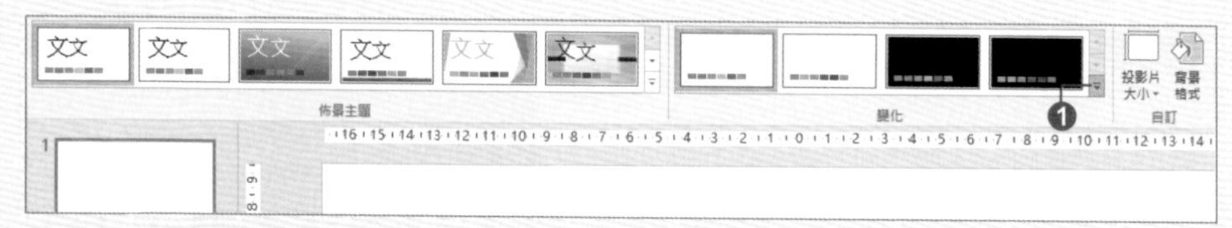

▲ ❶ 按下 [設計] 分頁 [變化] 區的 ▽ 鈕

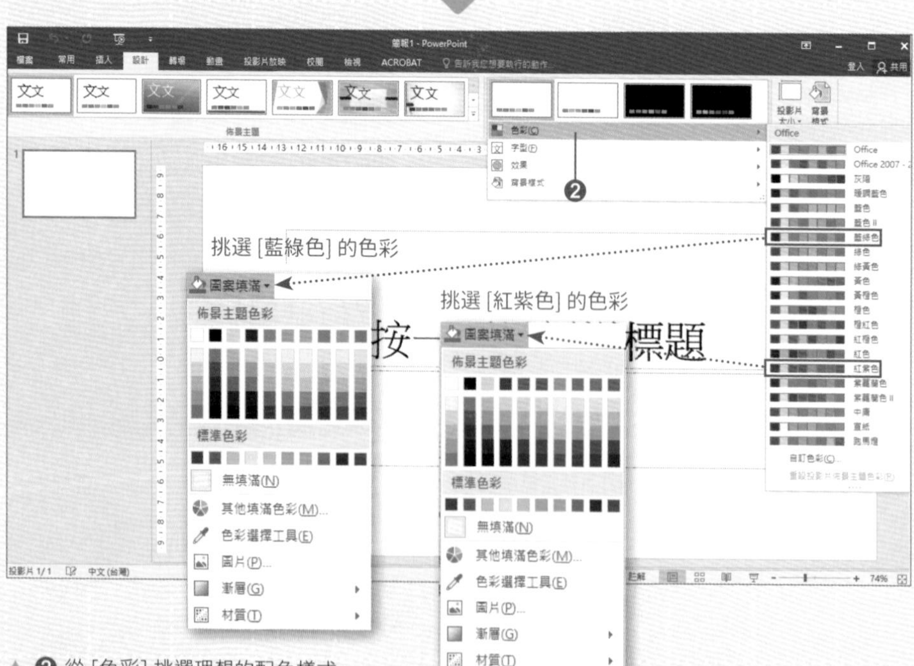

▲ ❷ 從 [色彩] 挑選理想的配色樣式
❸ 挑選配色後，填色等處的調色盤顯示資訊也會跟著改變

※ 色彩的預設值是 [Office]。
※ 若挑選設計的 [佈景主題]，會自動決定一整組的配色。

開啟 [色彩] 交談窗來決定顏色

在 PowerPoint 中，只要是可以改變顏色的地方，就能開啟 [色彩] 交談窗來設定或變更顏色。可以從交談窗現有的色彩中選一種顏色，也可以自行設定 RGB 數值來指定顏色。有好幾種方法可以開啟 [色彩] 交談窗。

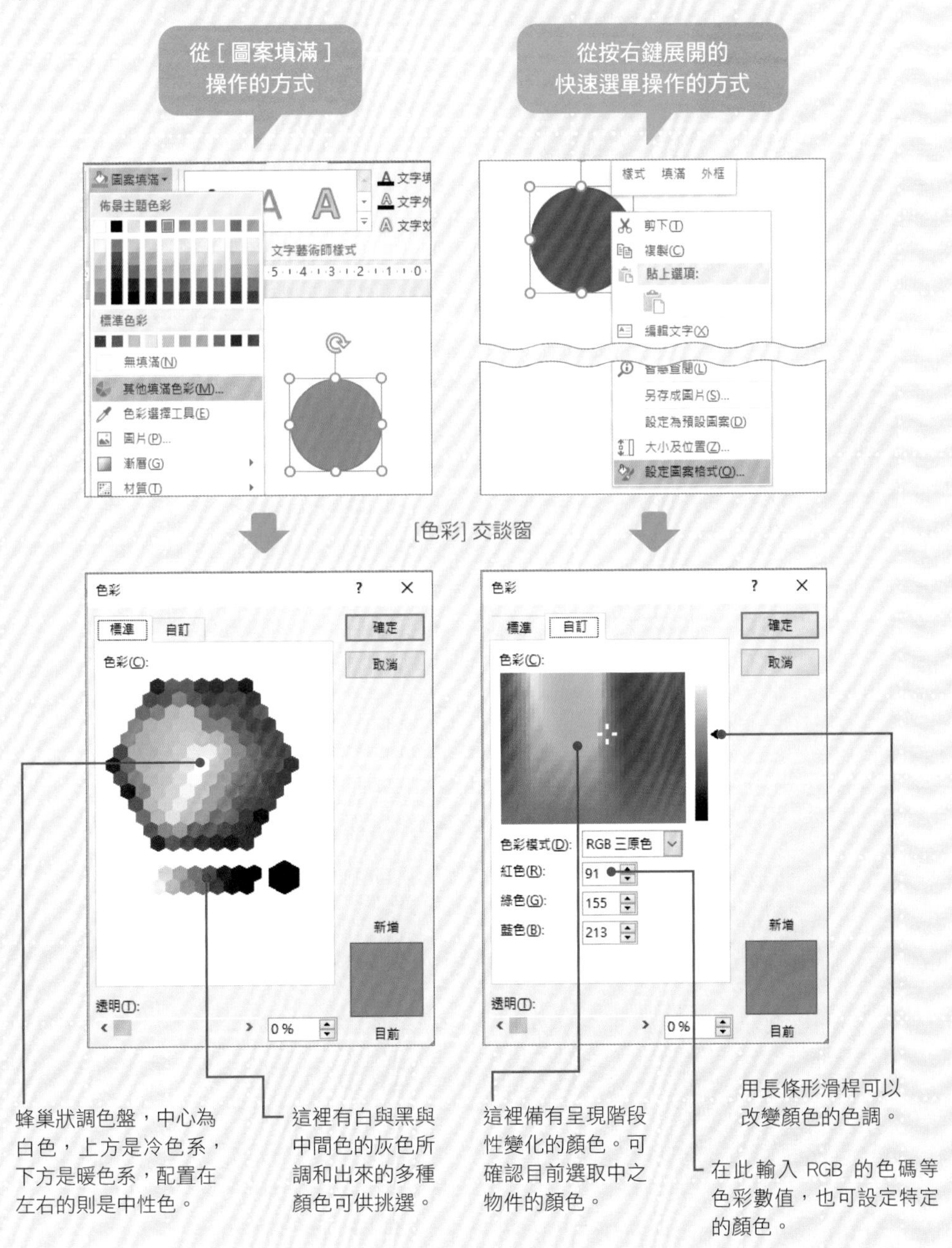

找出符合傳單主旨的顏色，
完成正確有效的配色吧！

用單色整合

用雙色整合

▲ 藍色能呈現出有精神、歡樂感強烈的感覺

▲ 紅色和黃色是能提振士氣的顏色，能傳達熱鬧的感覺

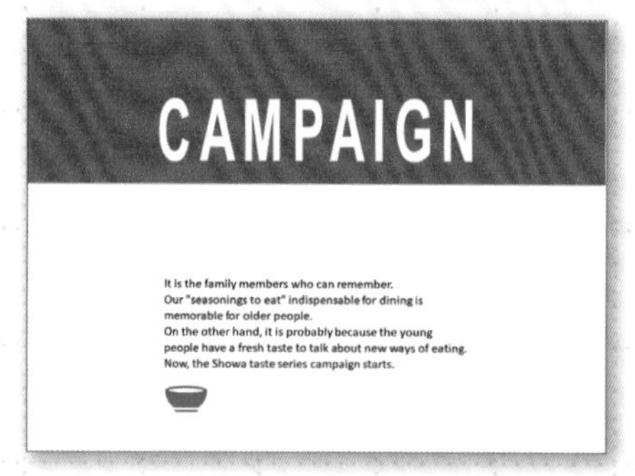

▲ 使用符合訊息且能刺激食慾的暖色系色彩

▲ 明亮的綠色可傳達新鮮與水嫩感

使用能互相襯托的顏色（互補色）

▲ 黃色元素與藍色背景是互補色，兩者搭配看起來相當鮮豔

▲ 紅色蘋果與綠色背景是互補色，兩者搭配時能相互襯托

活用顏色的明亮度(明度)做出差異

✕ 使用明度相近的顏色，元素會難以辨識

○ 明度差異大時，元素邊界會變得很清晰

活用顏色的鮮豔度(彩度)做出差異

✕ 使用彩度相同的顏色，會變得不醒目

○ 彩度差異大時，元素變得很清晰

讓色彩(色相)與調性(色調)協調搭配

▲ 使用色相相近的顏色，即使色調有極大的差異，也能呈現出一致感

▲ 如果色調相近，即使色相不同，也能呈現出一致感(淺色調)

無法選出令人舒適的配色時該怎麼辦？

有時候不管你怎麼選，就是「選不到適合的顏色」，覺得困擾時，不妨試著從內建的調色盤挑選吧！此時，可以只使用調色盤其中一條的色彩，或是從 2 至 3 排的組合來挑選顏色，即可輕鬆打造出令人感到舒適的配色。

① 只使用垂直一排顏色

使用相同的顏色（色相），僅改變顏色亮度（明度）與顏色鮮豔度（彩度）的配色，可輕鬆替整體營造一致感，是最容易傳達色彩印象的配色。

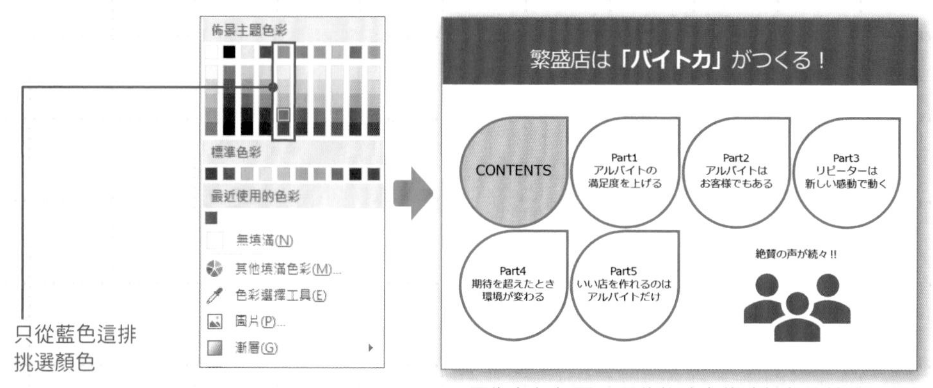

▲ 因為色相相同，因此能確實傳達顏色具備的印象

② 從 2 至 3 排的組合來挑選顏色

組合相似的顏色（色相）來配色。因為顏色的調性相同，因此協調性良好，而且還可呈現些許變化，是能表現整合性的配色。

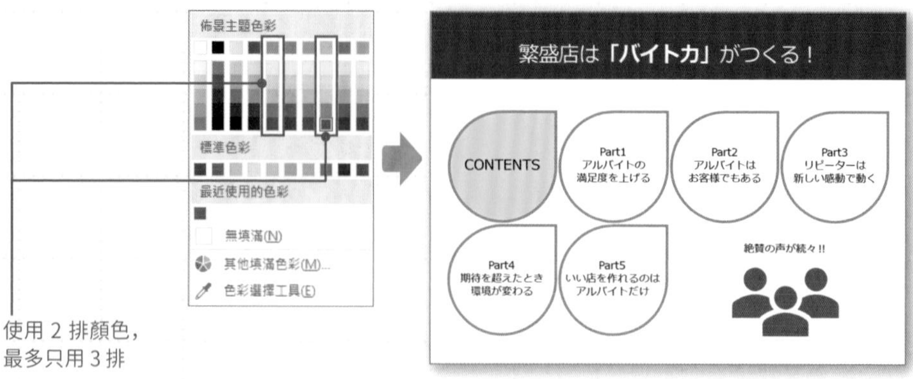

▲因為顏色間的協調性良好，因此容易呈現一致性

③ 挑選不同性質的互補色

互補 2 色的配色，兩者會有互相襯托的加乘效果，可以製造明顯的對比。請使用蜂巢狀調色盤上相對位置的顏色。

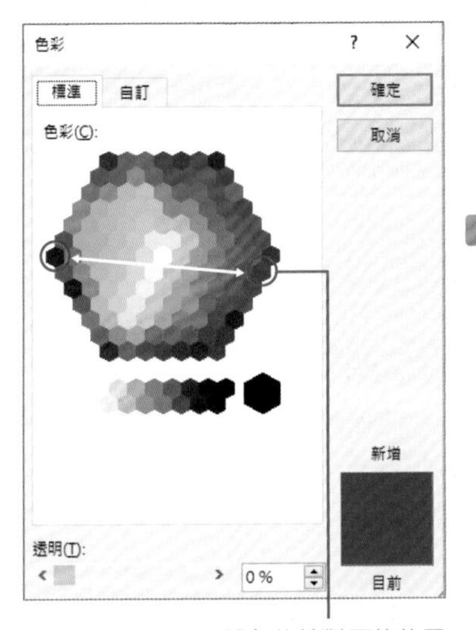

互補色位於對面的位置

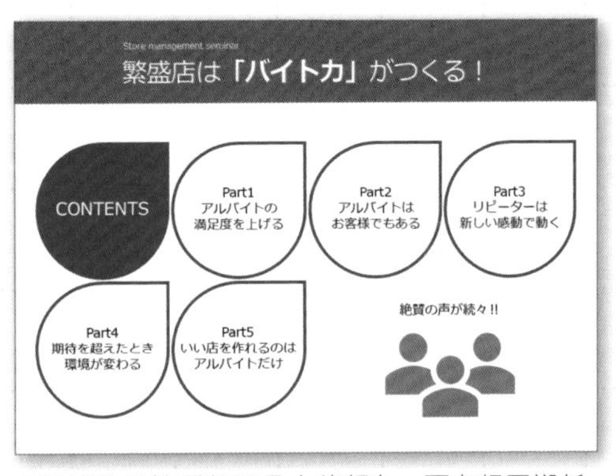

▲互補色是性質差異最大的顏色。兩者相互襯托，看起來會更鮮豔

色彩給人的印象

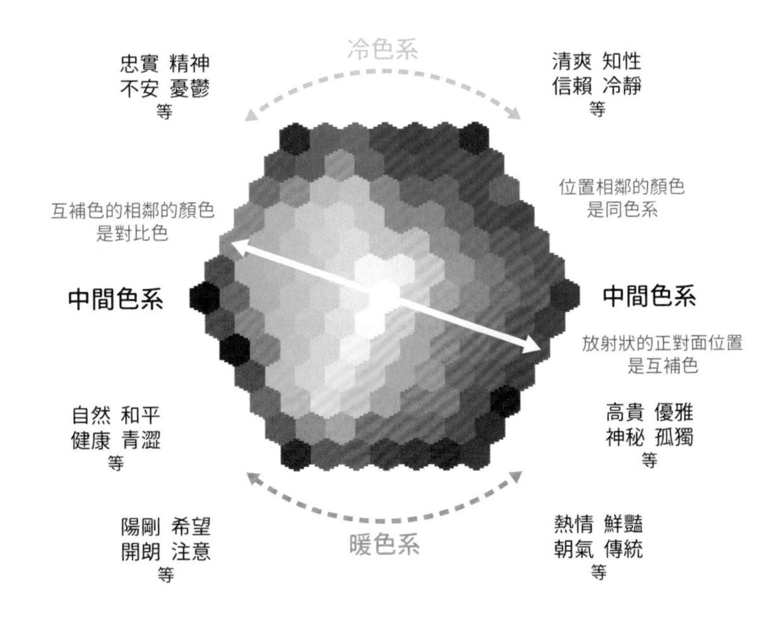

請記住這幾個色彩學的相關用語吧！

設定顏色時，如果能具備基本的色彩學觀念，能幫助你更正確地運用色彩，製作出更有說服力的訊息。底下幫大家整理幾個建議熟記的色彩學用語。

❶ 色相環

替色相理出順序，並將其變化配置在圓周上。從色相環可以看出每個顏色的位置與階段性變化的模樣。

❷ 互補色（對比色）

色相環上位置剛好在正對面的兩個顏色。排在一起時可以相互襯托、更加鮮豔。互補色的相鄰位置的顏色稱為對比色。

❸ 色調

明度與彩度組合成的顏色調性。常用的有鮮豔色調（鮮豔）、淺色調（淺）、粉彩色調（淺亮）等多種組合。

❹ 對比

顏色的對比。對比高會產生明度差而讓顏色的差異變明顯，增添強弱變化。

❺ 漸層

讓顏色呈階段性變化，能表現出動態感或方向性（視線會容易被色彩引導，例如會從淺到深或從深到淺）。漸層配色自然諧調，可產生動態或節奏感。

❻ RGB

電腦表現顏色的方法之一，是混合 R（紅）、G（綠）、B（藍）色光來呈現顏色，以數值表示。例如紅色是 (255, 0, 0)，綠色是 (0, 255, 0)，藍色是 (0, 0, 255)，白色是 (255, 255, 255)，黑色則是 (0, 0, 0)。

這是一篇說明版面編排的文章。請從下列選項中選出正確答案，填入文章內的括弧。

要配置設計元素時，通常會先擬定的思考方法稱為（ ① ），而這種編排出簡明易懂版面的工作稱為（ ② ）。

煩惱該如何配置元素時，只要將關聯性強的元素（ ③ ）配置，關聯性低的元素（ ④ ）配置，即可讓同類別或類似元素的關聯性變明確。

配置在垂直或水平位置的多個元素，如果能分毫不差地（ ⑤ ）即可營造工整的感覺，完成賞心悅目的版面。

編排文章時，若能替標題與內文增添（ ⑥ ）的差異，就能讓各自的角色清楚明確，替整體設計製造出層次變化。

想要讓設計呈現一致感時，可以讓元素（ ⑦ ）。重複運用相同的顏色、形狀、字體等視覺元素，即可讓整體設計衍生出整合性。

A：例外	F：強弱	K：深淺
B：靠近	G：排序	
C：設計原則	H：縮圖	
D：遠離	I：對齊	
E：排版	J：反覆	

問題 E 的答案

①：C　②：E　③：B　④：D
⑤：I　⑥：F　⑦：J

請記住排版的 4 個原則！

排版，是為了讓設計目的更清楚明確，思考文章與圖像該如何配置的工作。排版最基本的原則，就是「**靠近 · 對齊 · 強弱 · 反覆**」。

❶ 靠近

配置元素時，讓關聯性強的元素彼此更靠近、關聯性低的元素彼此更遠離。這樣一來，位置近的元素較容易被當作是同一群組，可減少讀者的混亂，有助於流暢地理解內容。

❷ 對齊

讓文句的起始位置對齊，或是讓圖形的高度、水平位置、間距整齊一致。像這樣將資訊經過整理和對齊，可讓設計顯得明快洗練。

❸ 強弱

如果是不同層級的元素，就要做出明顯的差異。例如標題與內文、重點的吸睛元素與引言，只要區分好各自的角色，即可完成具強弱變化的設計。

❹ 反覆

讓元素的顏色、形狀、尺寸及線條粗細、字體等視覺元素，在版面中重複出現。藉由此反覆設計，可讓設計衍生出整合性與一致感。

配色前建議先熟記色彩三屬性。請正確組合各屬性的說明與圖解。

ㄅ 彩度　　ㄆ 色相　　ㄇ 明度

A 顏色的明亮程度。
數值最高會變成白色，最低則是黑色。明度越高會顯得越亮越輕。

B 顏色的鮮豔程度。
數值越高越鮮艷，也越能吸引目光，數值越低則變成混濁的暗色。

C 指紅、藍、黃等色彩。
大致可區分為暖色系、冷色系、中間色，可表現不同的印象。

即使是相同顏色，也會因相鄰顏色不同而改變視覺觀感

顏色有各式各樣的特性。即使用相同的顏色，也會因為相鄰的顏色不同，讓色相看起來有所改變。此外，若把明度不同的顏色排在一起，亮的顏色會顯得更亮，暗的顏色會顯得更暗。彩度不同的顏色排在一起也是如此。

◀ 即使都是橘色的圖像，背景紅色的左圖看起來會偏黃，背景黃色的右圖看起來則偏紅（色相對比）

◀ 同時看明度不同的顏色，明度高的左圖看起來會比較亮，明度低的右圖看起來比較暗（明度對比）

◀ 彩度高的左圖看起來比較鮮豔，彩度低的右圖看起來會比較暗沉（彩度對比）

活用照片與圖表來設計！

照片和圖表是傳達訊息的好幫手。舉例來說，光用文字說明會讓人感到無聊，如果搭配好看的照片，傳達效果立即提升；單看數字無法理解的趨勢變化與特徵，製作成圖表就會變得清楚明確。就像這樣，如果要「快速」、「直覺」地傳達資訊，照片和圖表都是重要的設計元素。然而，並不是隨意地「加入圖片」、「改成圖表」就能馬上提升效果。要讓讀者更能理解，就必須花心思打造出有效的呈現方式。

挑選照片的方法
矩形版面／出血／裁切
去背
圖表
圖解

插入圖片
裁切
去背
插入圖表
SmartArt

咖啡店的開幕宣傳單：哪一個比較能吸引人潮？

A

B

提示　哪一張傳單的內容能感受到這家店的氣氛呢？

A 16

Q 16 的答案 B

NG 的理由

✕ 將照片放大配置，只有強調咖啡

✕ 無法傳達這家店的其他資訊

✕ 缺乏特色的咖啡照片，看不出商品特色與店內的氣氛

Good 的理由

○ 藉由 3 張照片提供更多資訊

○ 加入環境照，可想像店內的情境

○ 文章與圖片都符合開幕的主旨，並讓店家的特色更明確

照片能瞬間傳達大量資訊，請注意挑選方法與呈現方式！

❶ 想要吸引讀者的目光，就讓照片說話！

假設眼前有看起來很好吃的草莓，這時如果只用文字寫著「又大又甜又新鮮」，怎麼寫都無法表現草莓的吸引力。但是只要放一張草莓的**照片**，馬上就能讓人看到草莓的形狀、顏色，甚至連鮮度、味道與香味都能想像得到。

就像這樣，只要放照片，就能吸引讀者的目光，也能在瞬間傳達大量的資訊，因此挑選照片的方法格外重要。

グランド　オープン
GRAND OPEN
薫り高い珈琲のひとときを
深煎りの高品質な豆を使って、ハンドドリップで一杯ずつ丁寧に淹れた珈琲です。豆の生産地や素材にこだわったことで、バリスタが丁寧に淹れたような驚きと感動が味わえます。朝・昼・夕方のどんなシーンでも、くつろげるお席とメニューを用意しています。居心地のよい空間で、香り高い珈琲とスペシャルなオーガニックスイーツを味わってください。
2019.10.19(sat)
恵比寿駅前にグランドオープン！
CAFÉ LUMIERE
Open 10:30 / Close 22:00
電話 03-1234-9999
住所 東京都渋谷区恵比寿1-2-34
URL www.lumiere.ne.jp

▲ 想強調美味或是呈現菜單時，最佳的作法就是運用能刺激感官的美食照片

❷ 傳達效果依照片而異，務必小心使用！

照片的功能是呈現商品或人物等事實，還能傳達文字無法表現的訊息。請根據製作的資料，來決定照片的用途吧！

想要訴求商品時，請使用構圖以商品為主的照片。同理，想要傳達形象卻只有實物時，請設法找出形象圖。

▲ 想要訴求舒適感時，請使用能表現出輕鬆感或平靜感的照片

在簡報中置入圖片的方法很簡單。試著用各種圖片，挑戰不同的視覺設計吧！

無論是電腦中的圖片或是網路上的圖片，皆可比照以下步驟置入投影片。置入後，使用［圖片工具］分頁裡的各項命令，即可再進行各種加工。

操作 1 置入電腦中的圖片

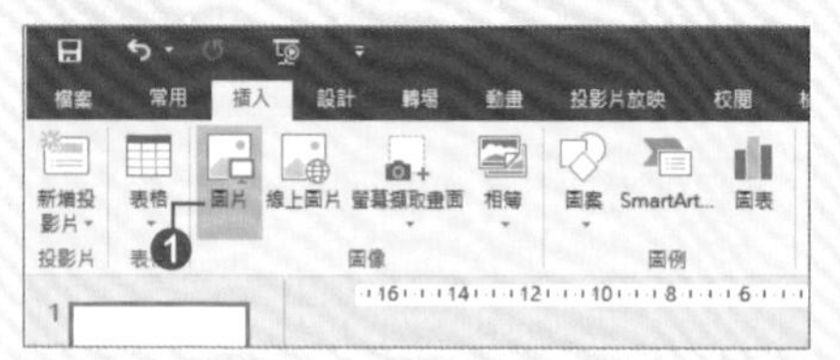

▲ ❶ 按下［插入］分頁［圖像］區的［圖片］鈕

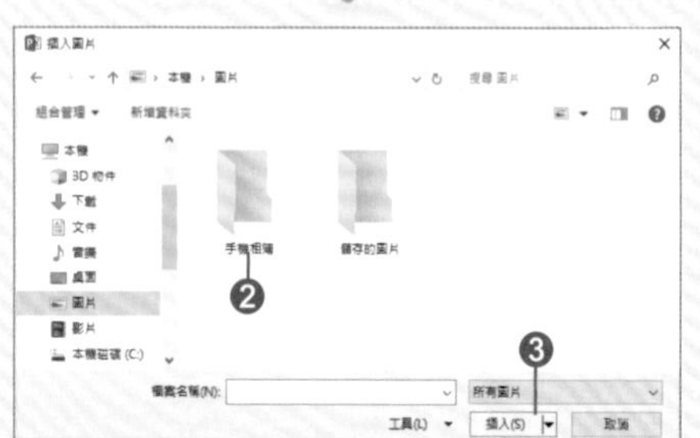

▲ ❷ 在［插入圖片］交談窗選取要置入的圖片→❸ 按下［插入］鈕

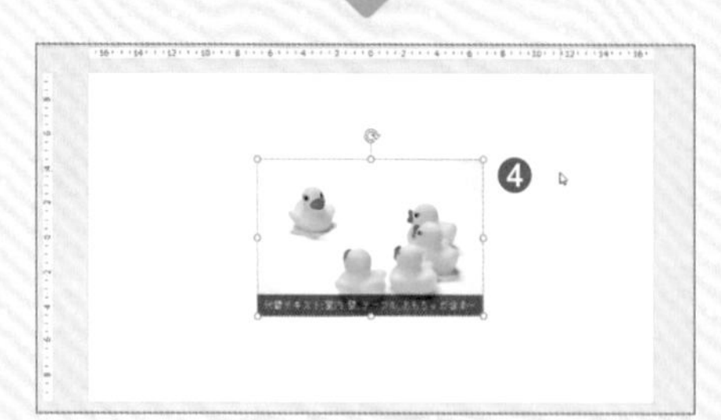

▲ ❹ 圖片置入到投影片中了

※ 要置入多張圖片時，請在步驟 ❸ 的操作，同時按住 Ctrl 鍵來選取多張圖片。

※ **操作 2** 的步驟 ❷ 在指定關鍵字時，請用空白鍵區隔輸入的關鍵字。

※ 使用網路上的圖片時需遵守使用規範。

操作 2 置入網路上的圖片

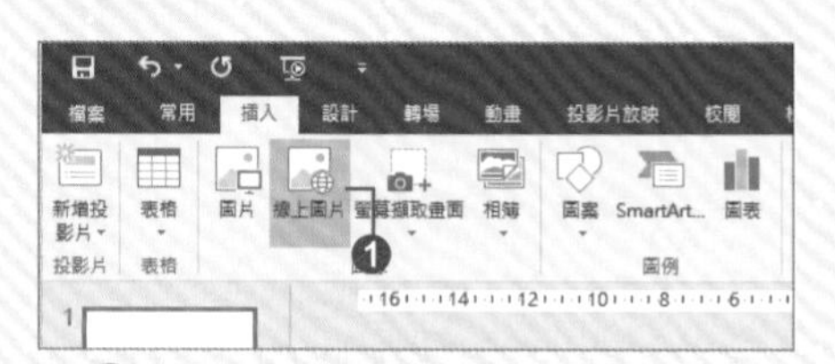

▲ ❶ 按下［插入］分頁［圖像］區的［線上圖片］鈕

▲ ❷ 在［插入圖片］交談窗的搜尋欄位中輸入關鍵字→❸ 按下 Enter 鈕

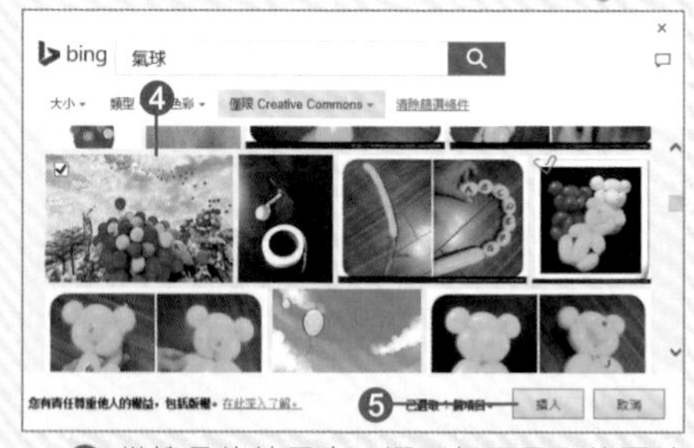

▲ ❹ 從搜尋的結果中，選取想要置入的圖片→❺ 按下［插入］鈕

▲ ❻ 下載的圖片已置入簡報投影片

把自訂的圖片變成投影片的背景圖

◀ ❶ 按下［設計］分頁［自訂］區的［背景格式］鈕

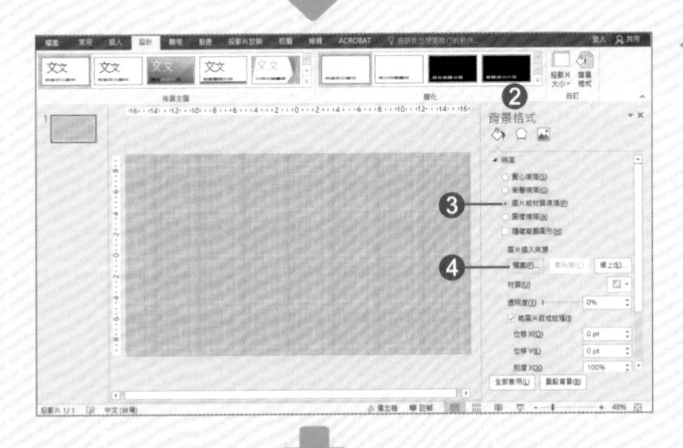

◀ ❷ 開啟［背景格式］交談窗
❸ 點選［圖片或材質填滿］項目
❹ 按下［檔案］鈕

◀ ❺ 依照步驟置入選取的圖片，即可用該圖片填滿投影片的背景

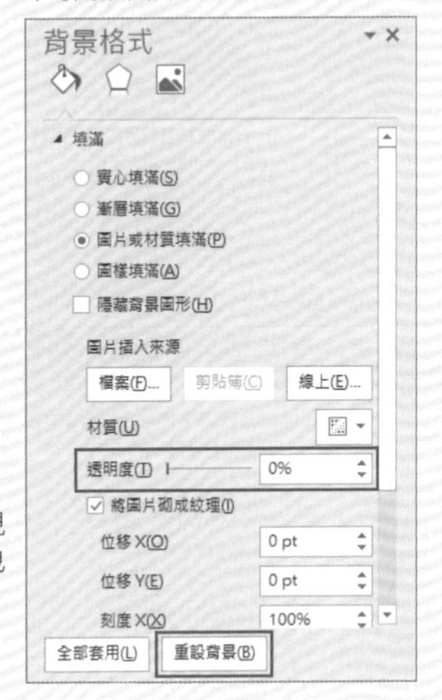

※ 如果想要讓圖片變透明或呈現「透光」的感覺時，可往右拖曳「透明度」滑桿來調整。

※ 設定好背景後想要回復原狀時，可按下［重設背景］鈕。

萬萬不可的NG例

請避免複雜的改圖或加工，發揮照片本身的魅力吧！

避免使用不合時宜的照片和配色

※ 標題中譯：「多年磨練的技術建立起客戶的信賴」

想傳達「令人信賴的技術」時，如果使用和技術無關的照片、輕浮的顏色與字體，會給人一種隨便的感覺

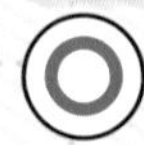

使用讓人感受到專業技術的照片，與文字內容相輔相成，衍生出訴求力。改用深藍色可以提升信任感！

不要破壞照片的魅力

食物照的色調偏藍，看起來不好吃。紅色文字壓在綠色背景上，變得刺眼且出現暈影（文字周圍有白色暈影，感覺模糊且不夠銳利）

將照片的色彩修正為暖色調（加強其紅色調）。文字也改用黃色和反白字來強調重點！

重點3 避免文字過度加工

※ 標題中譯：「球隊的戰術會比個人表現更重要嗎？」

圖上的小字不易閱讀，還套用陰影，破壞整體的設計

將小字加粗和反白。只要文字的結構未遭破壞，就會變得很好讀！

重點4 文字擋住照片是不行的

※ 標題中譯：「一起來讀本書吧」

在照片上添加文字色塊時要特別注意。如果文字擋住照片，會令人覺得掃興

改用半透明的白色或灰色色塊，保留照片的韻味，同時讓文字清楚可見！

重點5 主角不明確是不行的

※ 標題中譯：「留住水果鮮度的高性能果汁機」

主角不明確就無法傳達重要的訊息。不要讓讀者不知道該看哪裡

把焦點放在標題文字上，追加說明圖或圖說，即可強調要傳達的資訊！

使用實景照最有說服力

照片的強項，就是能直接傳達事實與實景。例如商品或店內的陳列狀況、鬧區的人潮等，用照片呈現是最有說服力的。若能巧妙運用照片，即可將文字無法傳達的氣氛，在短時間內具體且有效地傳達出去。

直接用照片說話，任何人都能一看就懂！

照片能傳達實景、氣氛或情感等資訊

壓縮照片的檔案大小

照片經過尺寸、顏色、裁切等變更後，若想恢復原狀，只要按下 Ctrl + Z 鍵執行『復原』命令，即可回復成原本的照片。
如果處理完成後覺得照片檔案太大，建議在製作完成時，在 PowerPoint 中如下「壓縮圖片」，即可將照片檔案變小，使用起來更容易。

將照片壓縮後儲存，就可以讓檔案尺寸變小唷！

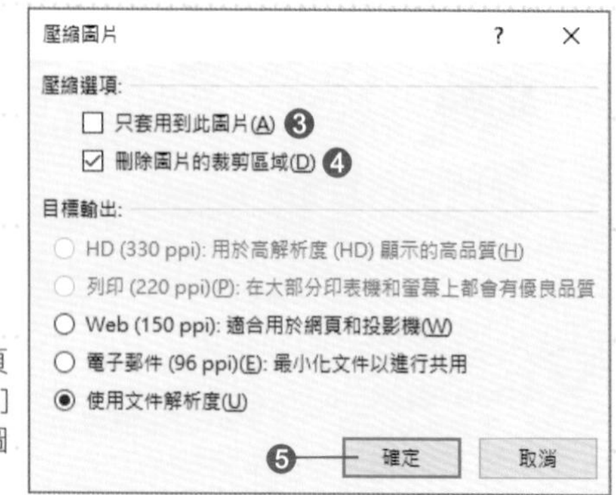

▲ 壓縮的操作
❶ 點選照片→❷ 按下［圖片工具／格式］分頁［調整］區的［壓縮圖片］鈕→❸ 取消［壓縮選項］區的［只套用到此圖片］項目→❹ 勾選［刪除圖片的裁剪區域］項目→❺ 按下［確定］鈕

花卉公園的傳單：哪一個版面比較適當？

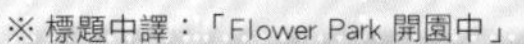

A

B

哪一張傳單的圖文版面平衡感比較好？

A 17

Q 17 的答案 A

A

Good 的理由

- ○ 攝影主體與標題文字的位置適當，容易閱讀
- ○ 主角明確，可傳達花卉之美
- ○ 讀者只要由上往下、依序觀看，即可理解要傳達的資訊

B

NG 的理由

- ✕ 照片的構圖太滿，沒有留空間給標題文字，感覺既隨便又拘束
- ✕ 將標題直接壓在攝影主體上面，無法發揮素材的優點
- ✕ 在空白處安排多個小圖示，不僅毫無意義又干擾視覺

想要完成符合目標的視覺效果時，不妨試著改變照片的呈現方式！

❶ 想要表現穩定感就用矩形版面，想要刺激視覺就要裁剪！

照片的配置，通常是採取四個邊角都落在版面內的「**矩形版面**」。矩形版面四平八穩、具有穩定感，因此會給人沉穩的印象。另一方面，如果讓照片超出版面、不留邊界，這種配置稱為「**出血**」，會給人一種延伸到版面外的感覺，可衍生出開闊的空間感。想要表現照片的魄力，或是想刺激讀者的想像力時，用出血的方式效果會很好。

▲ 標準的矩形版面，會給人強烈的穩定感

▲ 讓照片延伸到版面外的出血設計，可激發無限的想像力

❷ 裁切照片，可修剪不需要的部分，讓焦點落在主角上！

如果要強調照片的重點部位，可刪除照片的上下或左右兩邊，藉此強調出重點部位，這種手法稱為「**裁切**」。透過裁切可刪除照片中不必要的部分，重新設計成理想的構圖，或是修改成局部聚焦的構圖。

◀ 透過裁切可以修剪掉不必要的部分，使重點變得更明確

裁切照片，即可瞬間扭轉印象。請熟記裁切的操作方法！

裁切照片是圖像的加工作業。選取置入的照片或圖片後，執行［圖片工具］分頁內的『裁剪』命令即可套用。請巧妙調整照片的位置吧！

裁切照片

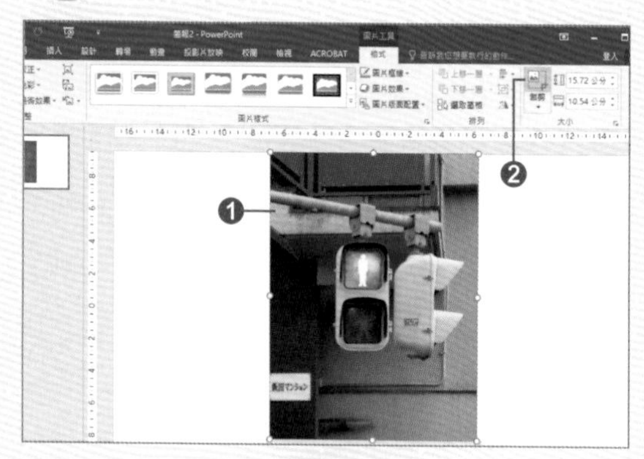

◀ ❶ 點按照片
❷ 按下［圖片工具／格式］分頁［大小］區的［裁剪］鈕

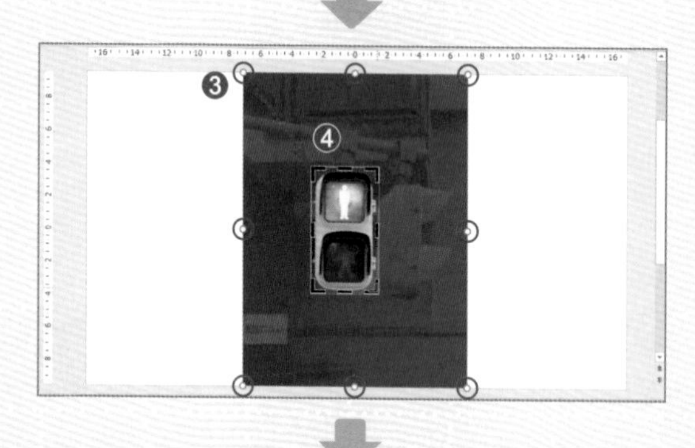

◀ ❸ 照片四周與角落會出現多個黑色控制手把組成的裁切框
❹ 拖曳控制手把或照片，只把想要保留的部分放在框內

※ 在步驟 ❹ 的操作時，按住 Ctrl 鍵後拖曳四邊（四角），可讓兩邊（四邊）等比例裁切。

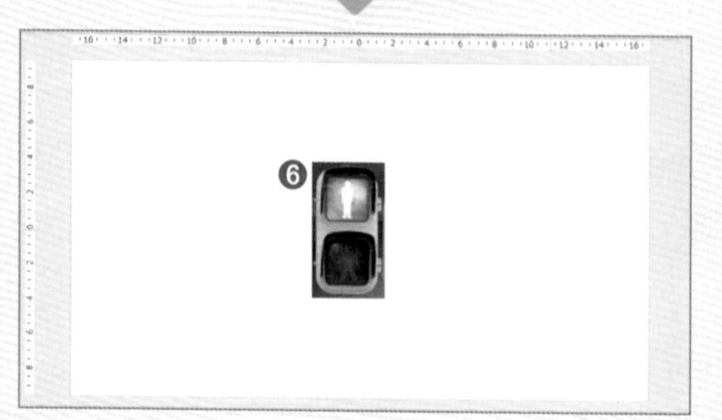

◀ ❺ 按 Esc 鍵確定裁切
❻ 照片只剩下框內的部分

將照片處理成矩形版面可以產生穩定感，但感覺有點死板無趣。若將照片裁切成圓形的「**圓形版面**」，可讓整體印象變得柔和，也適合將局部放大、突顯重點。想要產生變化時，不妨試著挑戰裁切成矩形以外的形狀吧！

操作2 將照片裁切成各式各樣的形狀

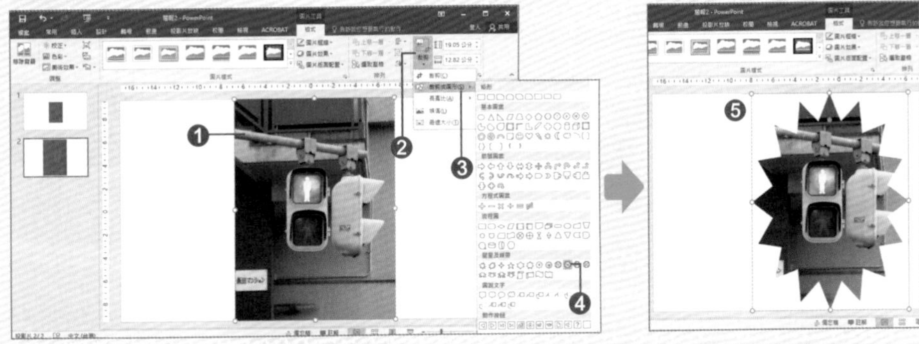

▲ ❶ 點按照片→❷ 按下［圖片工具／格式］分頁［大小］區的［裁剪］鈕→❸ 選擇［裁剪成圖形］→❹ 選取欲套用的圖形→❺ 接著就會將照片裁切成該形狀

操作3 先用照片填滿圖形再裁切

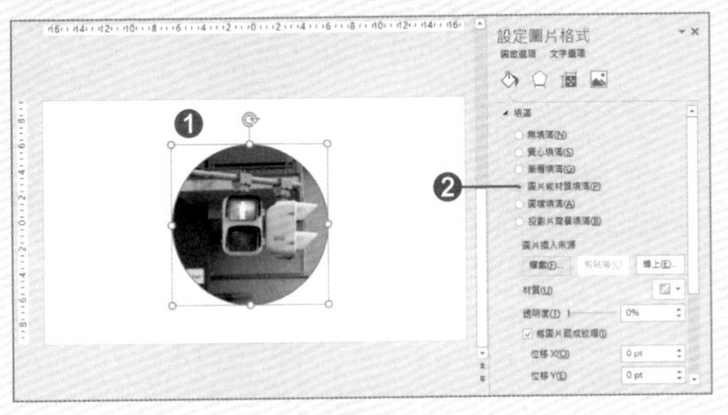

◀ ❶ 按下［插入］分頁［圖例］區的［圖案］鈕，插入欲使用的圖形
❷ 用照片填滿圖形（在圖形上按滑鼠右鈕，執行『設定圖片格式』命令，如圖點選［圖片或材質填滿］項目→按下［檔案］鈕→選取照片並插入）

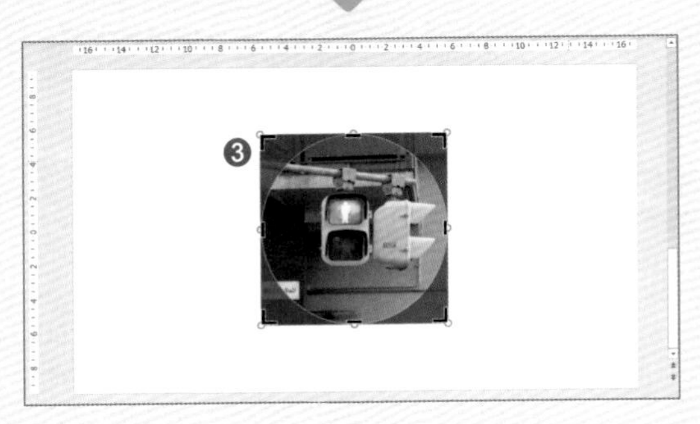

◀ ❸ 接著就會將照片裁切成該圖形的形狀

※ 填入圖形的照片若產生變形，可執行裁剪選單內的『填滿』命令，使照片縮放時可維持原始的長寬比例。

依需求仔細處理照片，
讓攝影主角發揮各種表現方式！

用出血照片加強畫面深度與開闊感

▲ 讓照片四邊出血，可感受到其深度與魄力

▲ 讓照片三邊出血，並在留白處配置資訊

▲ 依構圖調整照片，也可靠左或靠右出血

▲ 將留白減少到極限，可營造強烈的印象

用矩形版面營造整齊與穩定感

▲ 用矩形版面對稱編排，打造出穩定的版面

▲ 用網格組圖版面，營造井然有序的感覺

將照片編排成更有變化的視覺效果

▲ 將裁成矩形的照片稍微傾斜並同時並排，完成帶點變化的版面

▲ 將照片裁成大小不同的圓形，並依照大小排列，藉此呈現出有節奏感的版面

▲ 巧妙結合出血與矩形照片的排版技巧

▲ 若出血太多會削弱震撼力，請勿過度使用

裁切照片的目的，是為了讓目標更清楚地呈現！

請依據照片要傳達的資訊，改變裁切的範圍吧！

範例 4 改變留白的方式來控制視覺印象

▲ 在主角的視線前方營造留白空間，會給人「積極向前」、「迎向未來」的印象

▲ 在主角的視線後方營造留白空間，會給人「回憶」、「過去」的印象

▲ 用從遠處拍攝的「遠景」照片呈現整體，可拓展空間感、營造開闊感

▲ 讓整張照片聚焦在單一主體，可強調主體並且讓文案更鮮活

裁切的作用是什麼呢？

裁掉不需要的資訊，會讓主角更明確唷！

Q 18

色鉛筆插畫講座的簡介：哪一個更能看出主題？

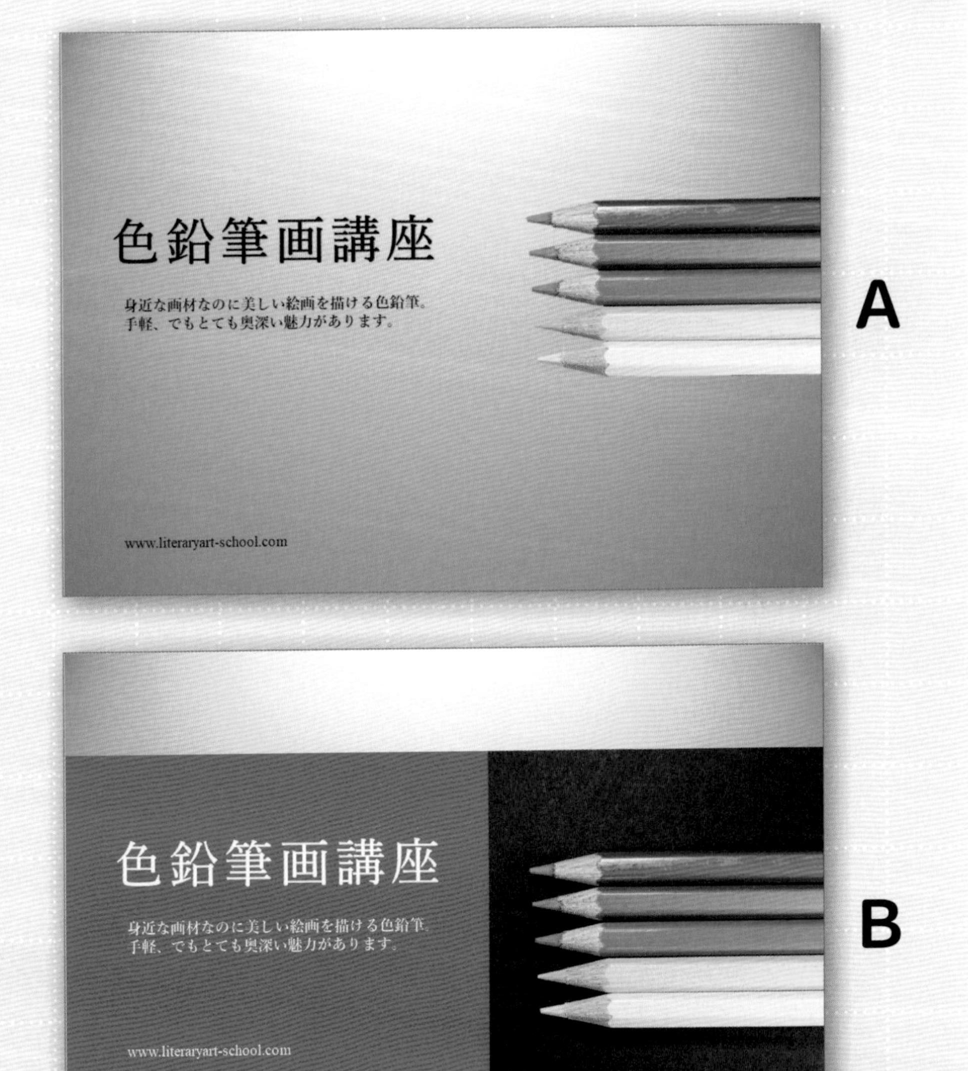

提示 重點是照片的處理方式。哪一張封面的主角最明確？

A 18

Q 18 的答案 A

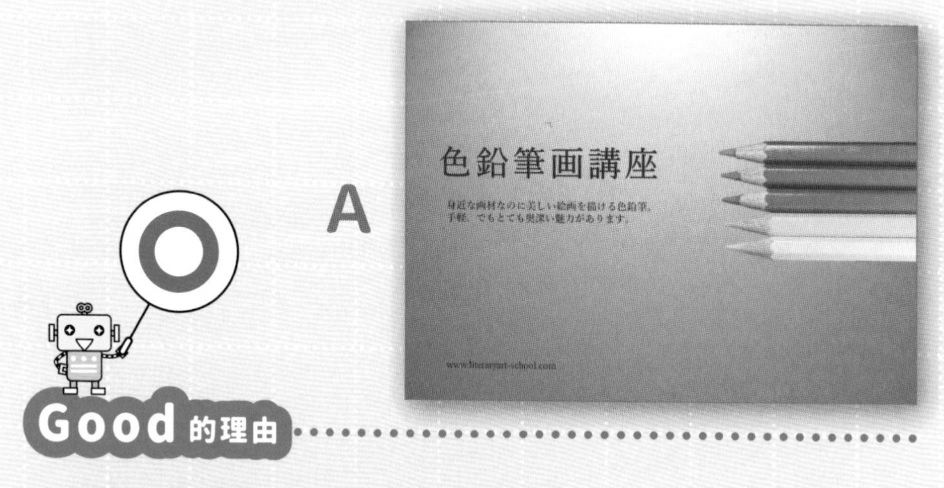

Good 的理由

○ 使用去背的照片，有效突顯色鉛筆的形狀

○ 主角色鉛筆相當醒目，具有象徵性

○ 照片周圍的留白給人舒適感

NG 的理由

✕ 矩形版面的照片顯得單調

✕ 平鋪直敘的照片呈現方式缺乏驚喜

✕ 照片沒有去背，標題怎麼擺都不太對

去背可以發揮攝影主體的特色，編排出更生動的版面！

❶ 幫照片去背，可傳達攝影主體的魅力！

作為設計元素的照片，如果只是整張放在版面上，容易給人突兀的感覺，無法強化要傳達的訊息。此外，即使照片的背景看似沒有拍到其他雜物，但是如果放在有背景色的簡報中，看起來也會顯得不自然。這種狀況建議幫照片去背。去背不僅能發揮照片的特色，還可加深整體的視覺印象。

照片與背景的顏色並不搭，看起來不自然。這樣的版面感覺沒有用心設計

❷ 透過去背加強主體的特徵，帶來豐富的視覺印象！

前面我們已經談過裁切照片，「**去背**」也是裁切的方法之一，意思是將背景去掉，例如沿著主體的輪廓剪裁，即可將背景去掉。矩形的照片看起來常顯得無趣，若能去除背景，即可強調攝影主體。去背的圖片常會呈不規則的形狀，衍生出動態感與趣味性。此外，若是版面空間有限，也可以透過去背，將攝影主體盡可能放大。

攝影主體與簡報背景融合在一起，並成為視覺焦點！

沒有影像編輯軟體也能去背。
只要用 PowerPoint 的功能即可幫照片去背！

去背不一定要用影像編輯軟體，用 PowerPoint［圖片工具］分頁內的命令也可以幫照片去背。建議使用攝影主體明確的素材，會比較容易去背。

操作1 刪除攝影主體的背景

▲ ❶ 選取照片
❷ 按下［圖片工具／格式］分頁［調整］區的［移除背景］鈕

▲ ❸ 保留的部分會顯示原圖，即將去除的背景部分會顯示紫色的遮罩

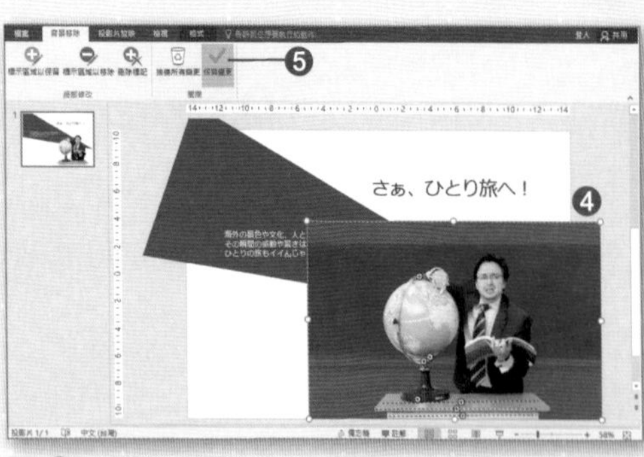

▲ ❹ 可以移動調整保留的區域，或是變更尺寸
❺ 按下［保留變更］鈕

※ 根據照片的構圖與顏色，也可能無法光靠一次的操作就完成漂亮的去背結果。如果想保留的部分被刪除時，請按下［標示區域以保留］鈕，反之，想要刪除的部分被保留時，請按下［標示區域以移除］鈕，然後在照片上指定該區域。

▲ ❻ 顯示為去背的照片

操作2 把背景變透明

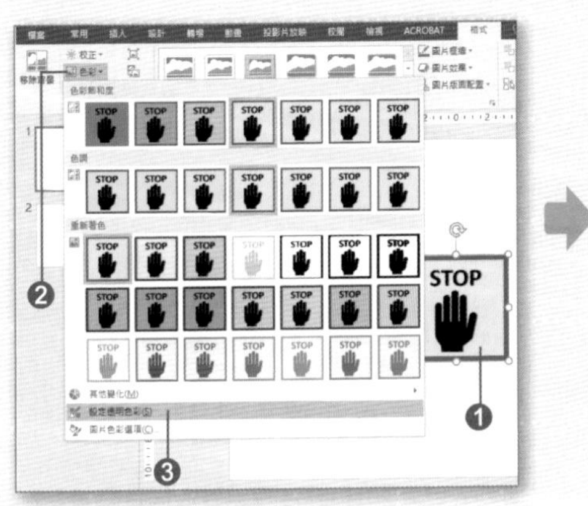

▲ ❶ 選取照片
❷ 按下［圖片工具／格式］分頁［調整］區的［色彩］鈕
❸ 執行『設定透明色彩』命令

※［設定透明色彩］這個功能，比較適合用在輪廓清楚的插圖或線條明確的圖表。

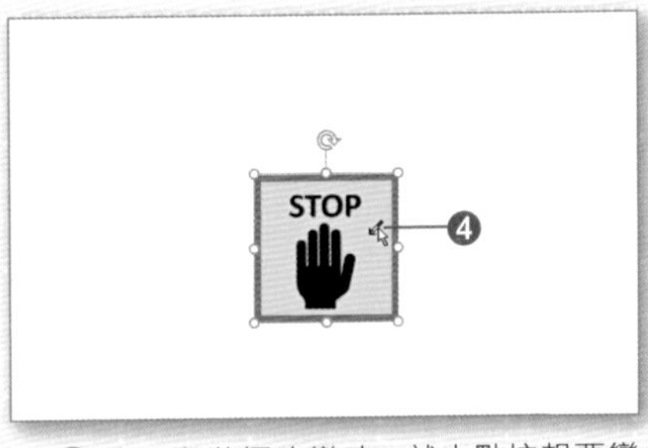

▲ ❹ 當滑鼠游標改變時，就去點按想要變透明的地方

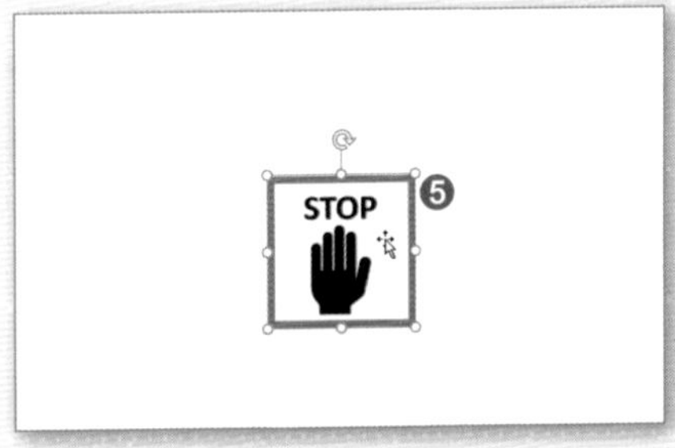

▲ ❺ 背景變透明了

操作3 儲存去背照片

▲ ❶ 在照片上按右鈕
❷ 執行選單中的『另存成圖片』命令

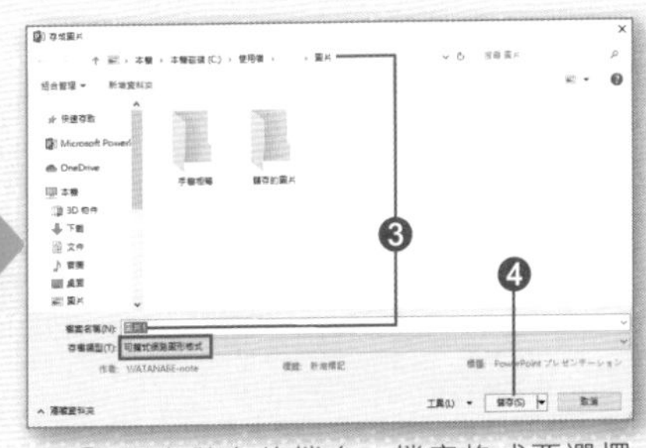

▲ ❸ 設定儲存的檔名，檔案格式要選擇「可攜式網路圖形格式」
❹ 按下［儲存］鈕另存成圖片

※ 以上去背功能建議用在對比較明確、較少有陰影或漸層等模糊部分的圖片。

想要表現趣味性時，建議使用去背照片，試著編排成自由自在的版面吧！

用符合去背輪廓的圖形襯底，看起來更生動活潑！

▲ ❶ 先裁掉不需要的背景，再沿著攝影主體的輪廓去背

▲ ❸ 把兩者組合起來，可強調攝影主體的輪廓並衍生趣味變化！

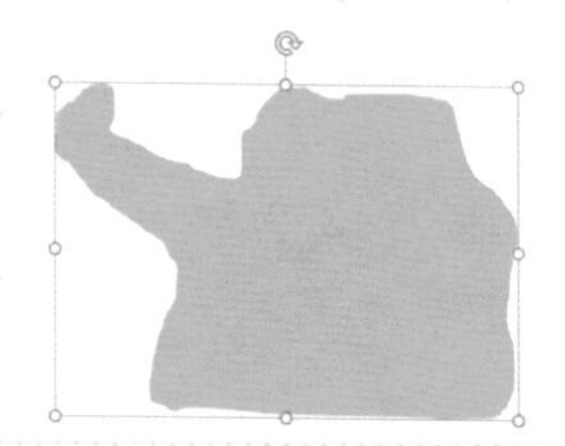

▲ ❷ 用「手繪多邊形」沿著輪廓建立大致符合的圖形

▲ 去背圖的數量越多越有動感，畫面也更熱鬧！

組合不同的去背照，完成拼貼風的作品！

▲ 首先最重要的工作，是挑選可有效傳達訊息的照片！

▲ 請思考該與何種素材結合，才能進一步強調訊息！

※ 標題中譯：「不要小看高麗菜的效用！」

▲ 帶有反差的素材，可有效展現驚奇與趣味性！

透過去背強化攝影主體本身的形象！

▲ 原本採用矩形的照片，雖然看起來工整，但容易淪為單調無趣的版面

▲ 去背讓攝影主體變醒目，更能抓住視線。整體呈現歡樂又有活力的感覺！

用去背照搭配圖形，營造獨特的視覺效果！

※ 標題中譯：「為熱衷於夢想的你加油。」

◀ 用去背照搭配基本圖形與對話框，替版面增添重點裝飾！

※ 標題中譯：「為了擁有健全的睡眠」

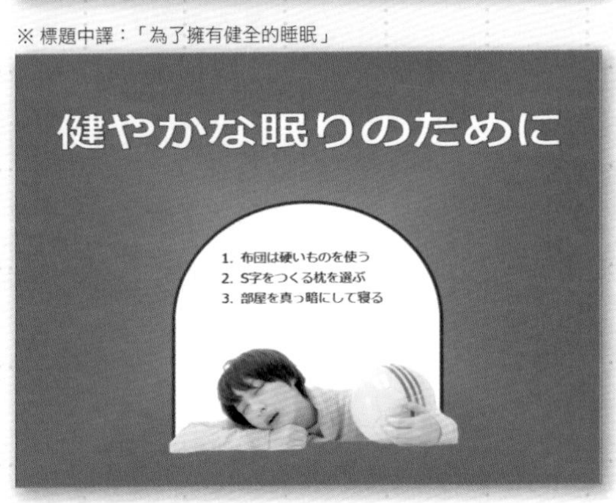

◀ 只要在圖形的位置與顏色花點心思，就顯得創意十足！

休息片刻

去背時要注意各元素的強弱變化！

如果要用多張照片編排活潑的版面，請注意以下幾點。

❶ 元素尺寸要有大、中、小的變化
❷ 相同尺寸的元素不要太近
❸ 配置時請留意良好的視覺平衡

請不要放過任何
殘留的背景唷！

一定要把去背的邊界線處理乾淨！

放大來看，發現尚未刪除乾淨的背景

✕ 去背的輪廓若露出痕跡，看起來會髒髒的

不要隨便使用陰影、鏡射或翻轉圖片

✕ 過度添加陰影會影響視覺，還會顯得有點俗氣

▲ 隨便翻轉照片，會改變攝影主體的氣氛

※去背後左右翻轉的照片

✕ 左右翻轉後，人物的慣用手與按鈕的位置、服裝的開襟等處都會變得怪怪的

促銷提案的簡報：哪一個更容易看懂數據？

※ 標題中譯：「考取駕照的人數正在減少」

A

STOP！クルマ離れ

運転免許を取る人は着実に減っている

81%

H26年とH16年の運転免許試験合格者数比率（H26年約206万人・H16年約254万人）

出所：警察庁交通局運転免許課「運転免許統計」平成26年度版

B

提示 雖然圖表很美觀，仍然要思考是否有必要使用圖表。

A 19

Q 19 的答案　B

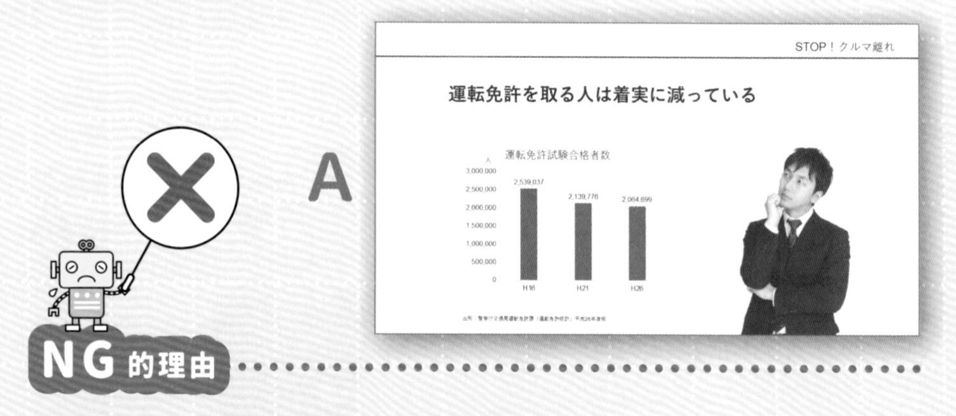

NG 的理由

✕ 圖表樣式太過普通，無法讓人印象深刻

✕ 若要認真比較百萬單位的數字，感覺會有點麻煩

✕ 選出 3 年份資料來做圖表的意義不太明確

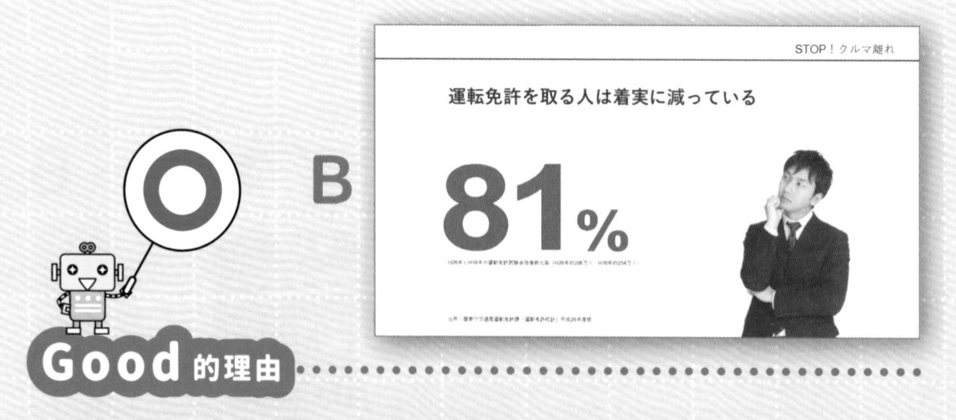

Good 的理由

○ 強調「81%」這個數字，非常有震撼力

○ 數字有做視覺上的強化處理

○ 搭配標題文字，即可理解「81%」是指減少的數字

如果只想傳達 1、2 個數字時，也可以「不用圖表」！

❶ 請不要有「看到數字就想做圖表」這種隨便的想法！

只要看到數字就想「做成圖表」，這種想法是錯的。在簡報裡置入圖表需要空間，而且圖表如果摻雜多餘的資訊，反而可能會讓人覺得「不知所云」。因此，請先想想圖表是否有其必要性。如果只想傳達 1、2 個數字，用單純的「數字」就十分足夠。將數字放大且強調，即可營造有力的視覺效果。切記真正要傳達的是訊息，需要表現複雜資訊時，再考慮做圖表吧！

※ 標題中譯：「考取駕照的人數正在減少」

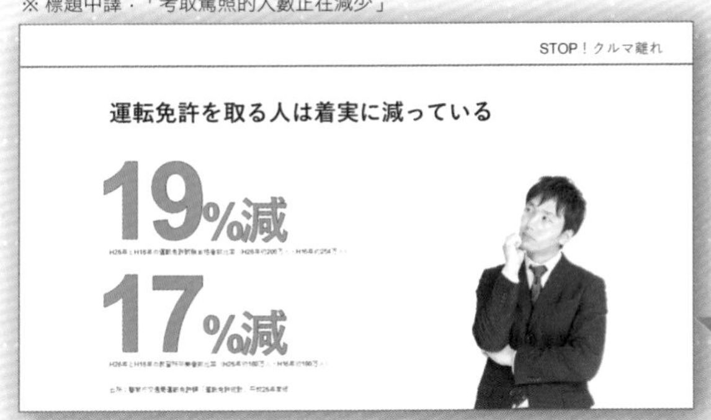

乾脆俐落地強調「數字」，即可成為視覺焦點，更容易傳達核心訊息。

❷ 圖表的最佳用法，是將數據整理後，以視覺化的方式傳達！

想要呈現數字的大小、變化、趨勢時，視覺化的圖表就很適合。圖表是將資訊視覺化處理後的產物，因此在想要快速傳達大量資訊時，圖表最適合。如果是製作簡報中的資料，深究主旨後歸納出重點的簡單圖表相當討喜。切記越是拘泥於外觀的圖表，反而越容易混入多餘的資訊。

要呈現數量變化時，面積圖表很有用。排除多餘的資訊，只歸納想傳達的內容，這很重要！

不要過度拘泥於圖表的設計，集中在想要傳達的重點並加以編輯！

按下［插入］分頁［圖形］區的［圖表］鈕後挑選種類，即可置入圖表。在資料表格輸入數值，開始編輯圖表吧！

操作 1 製作新的圖表

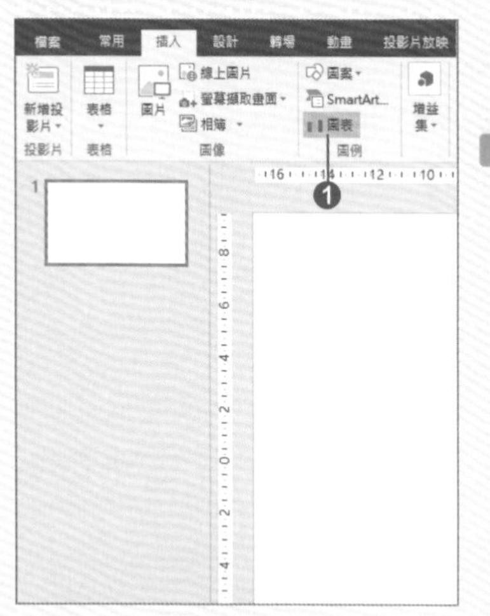

▲ ❶ 按下［插入］分頁［圖形］區中的［圖表］鈕

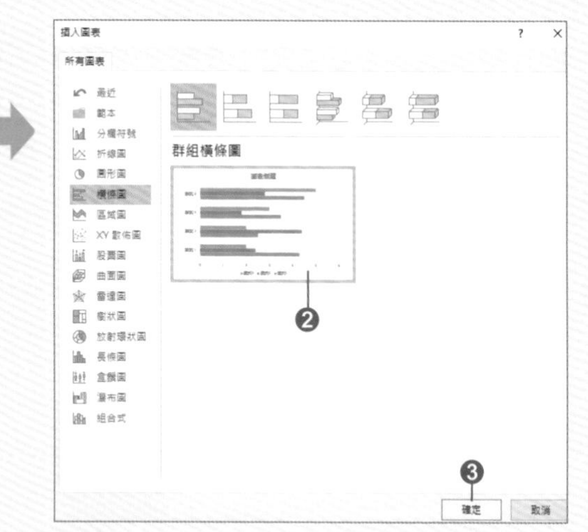

▲ ❷ 選取圖表的種類
❸ 按下［確定］鈕

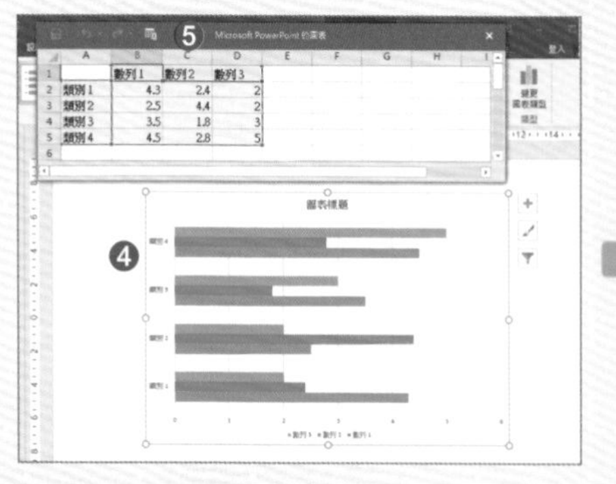

▲ ❹ 置入了圖表
❺ 資料表格內會有已經輸入的預設範本值

▲ ❻ 重新輸入正確的數值
❼ 數值會立刻反應在圖表的變化上

※ 資料表格的內容已經輸入範本值，請按下 Delete 鍵刪除數據後再輸入必要的數據。
※ 如果有自備 Excel 的檔案或文字檔時，直接複製後貼入資料表格，會更有效率。

新置入的圖表還不夠完美。請進一步替數列或圖表項目、周圍配置的軸或圖例、資料標籤等處花點心思設定，完成更容易理解的圖表。

使用圖表右側的按鈕

要顯示／隱藏圖表的各個項目，或是變更位置時，可利用選取圖表時右側顯示的 [圖表項目] 按鈕，可快速套用設定，相當便利。

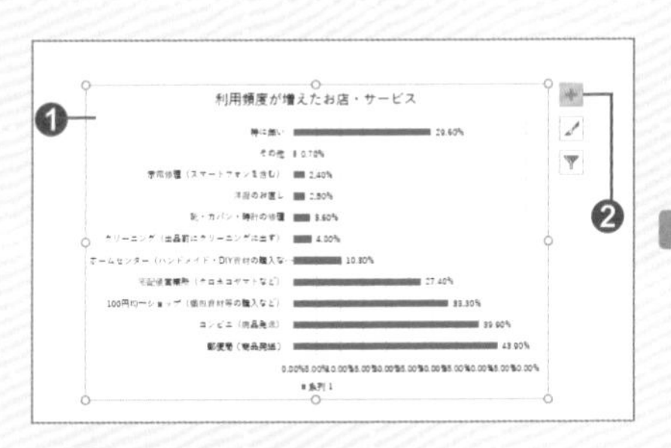

▲ ❶ 點按圖表區域
❷ 按下 [圖表項目] 鈕

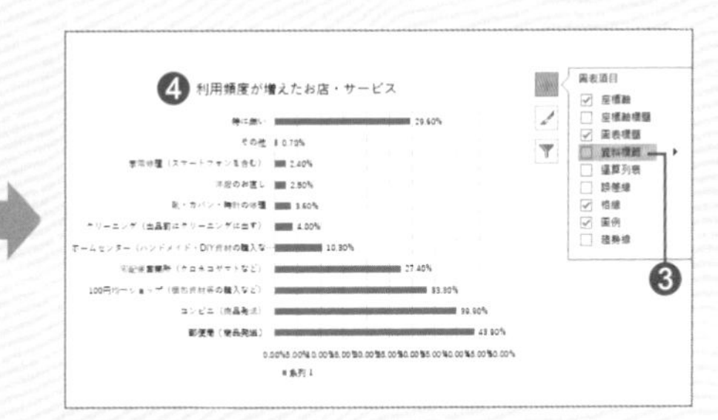

▲ ❸ 將滑鼠移至 [資料標籤] 選項上
❹ 確認內容後，勾選 [資料標籤] 項目

※ 步驟 ❸ 若按右側的 ▶ 鈕可選擇次級項目。

替每個項目設定格式

要設定圖表各項目的格式時，可使用設定交談窗。要顯示各項目的設定交談窗，有① 使用功能區、② 雙按元素、③ 在元素上按右鈕等多種方法。

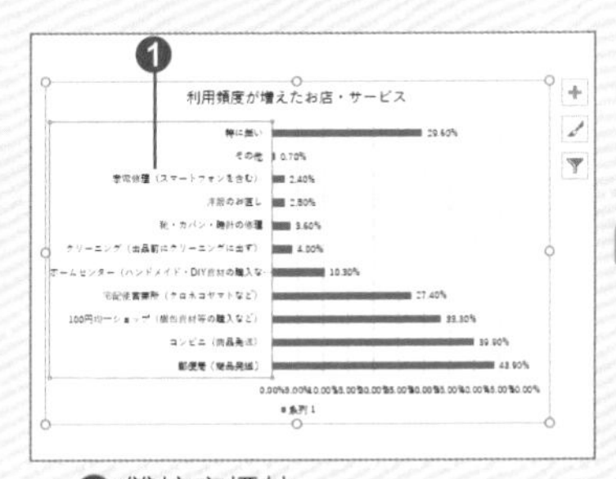

▲ ❶ 雙按座標軸

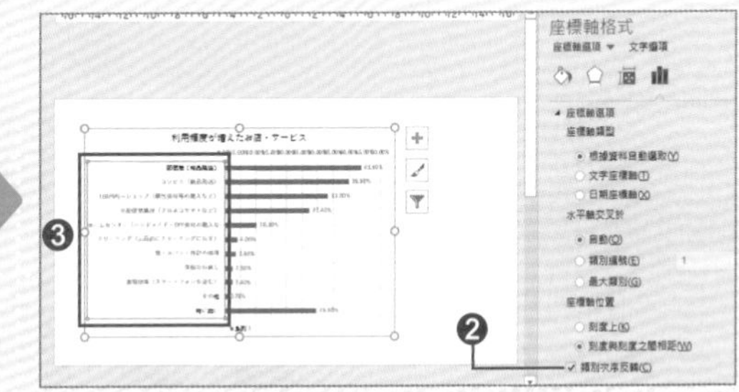

▲ ❷ 勾選「座標軸位置」區的 [類別次序反轉] 項目
❸ 項目的順序顛倒了

不知道要改圖表的哪些項目，該怎麼辦？

製作圖表時，請盡量不要直接用預設樣式。設法讓主要的資訊清楚明確、去除多餘的資訊，才能變成能打動讀者和觀眾的圖表。

① 如果用預設樣式，會無法傳達圖表的主旨

試著修改標題
避免含糊的標題，請使用明確的詞句清楚表達。

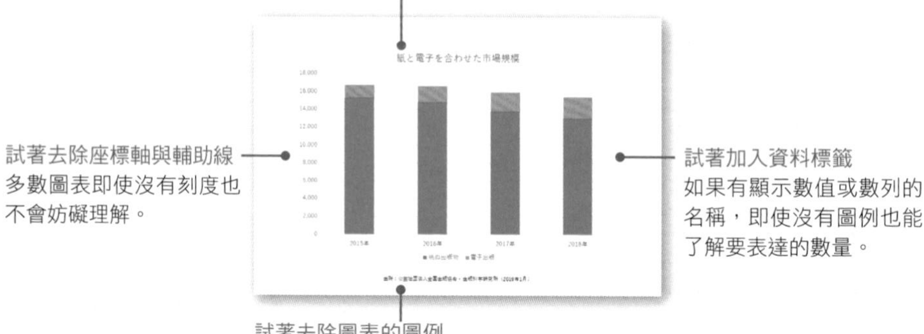

試著去除座標軸與輔助線
多數圖表即使沒有刻度也不會妨礙理解。

試著加入資料標籤
如果有顯示數值或數列的名稱，即使沒有圖例也能了解要表達的數量。

試著去除圖表的圖例
去除圖例能減少視線的移動，還會稍微放大圖表。

② 即使是最低限度的編輯，也能讓想傳達的訊息更明確。

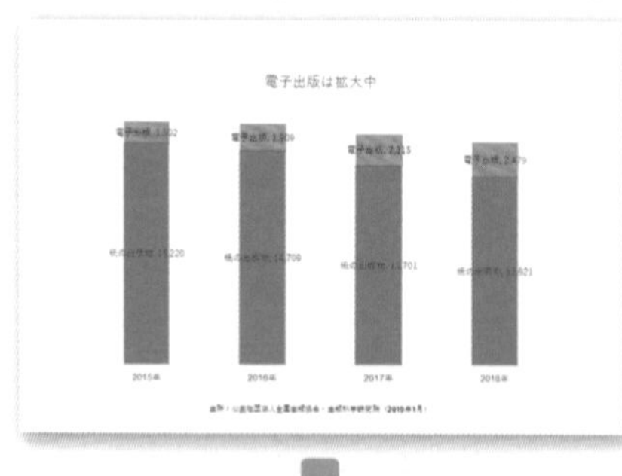

刪除重複或多餘的資訊，使圖表內容更明確！
❶ 每個項目都顯示數列名稱有些多餘，建議只在最右側顯示數列名稱。
❷ 調整項目間的間隔。
❸ 調整項目顏色或字體的種類與大小。

③ 精簡後的圖表，訊息變得相當明確！

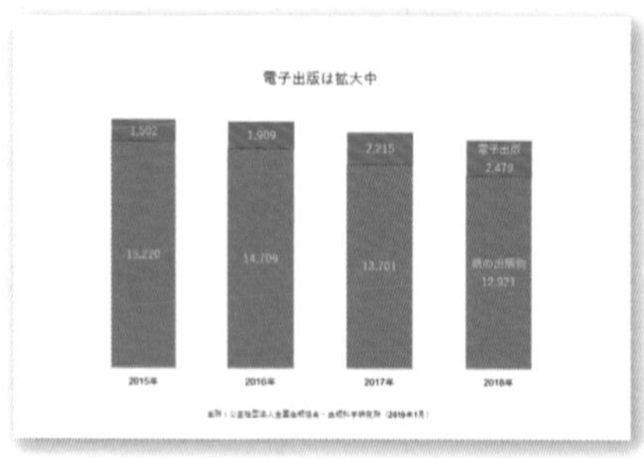

要製作簡單易懂的圖表，請「消除干擾」、「避免錯誤解讀」

範例1 要避免使用模糊不清的圖形！

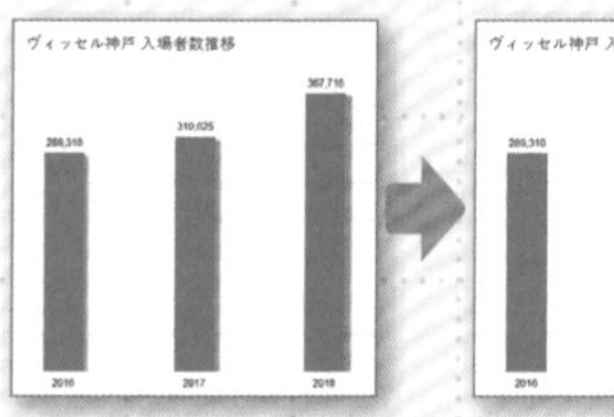

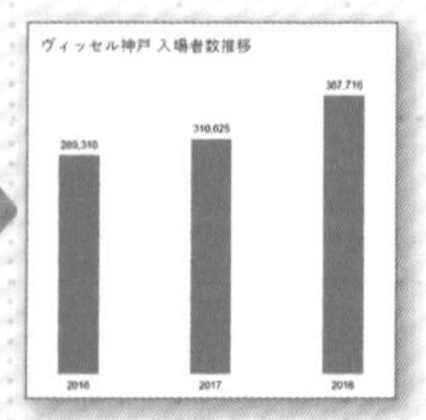

✕ 添加無用的陰影，使輪廓變得模糊不清

✕ 使用漸層色，表格圖形變得不夠完整

範例2 刪除可有可無的線條！

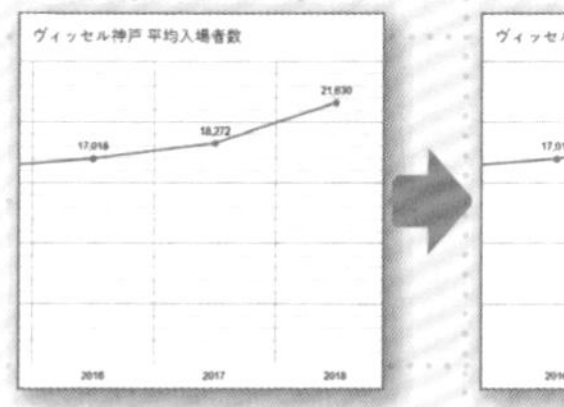

✕ 刻度過多，會分散觀眾注意力而難以閱讀

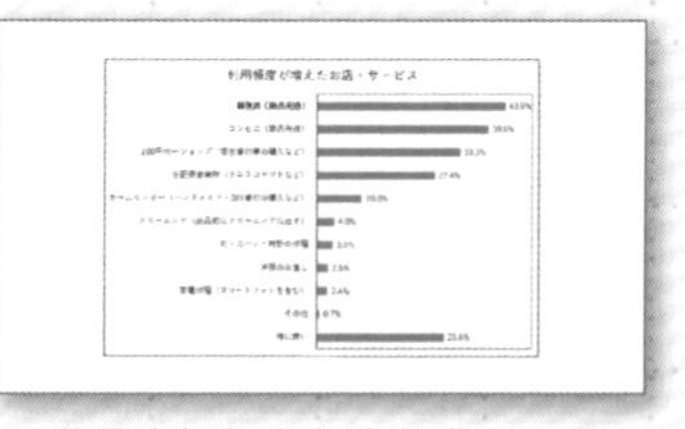

✕ 將圖表框住會有狹隘感

範例3 不要使用預設的座標軸標題！

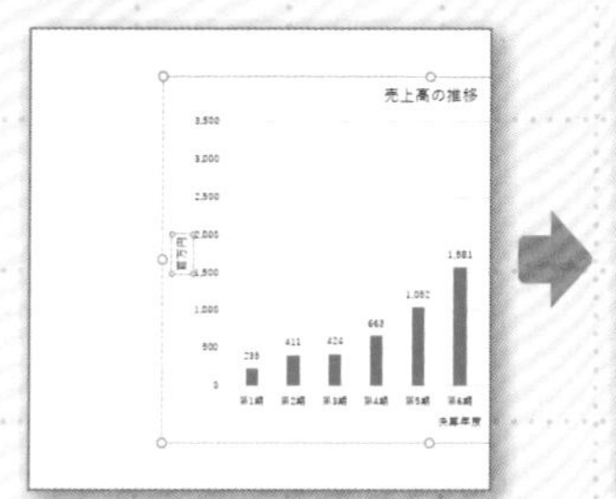

✕ 預設座標軸標題呈「90 度旋轉」，既難讀又難看

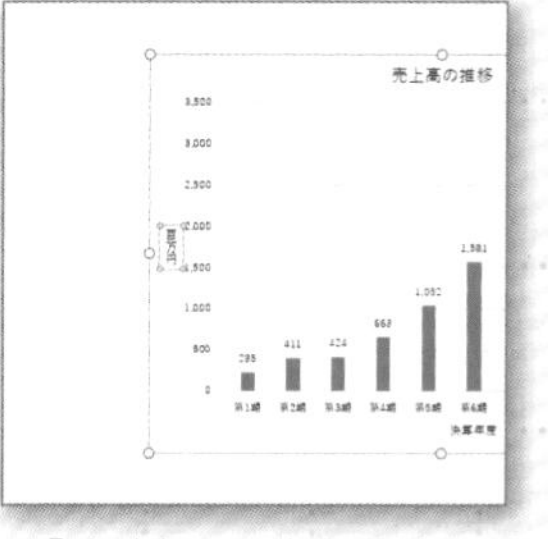

○「直式標題」容易閱讀！

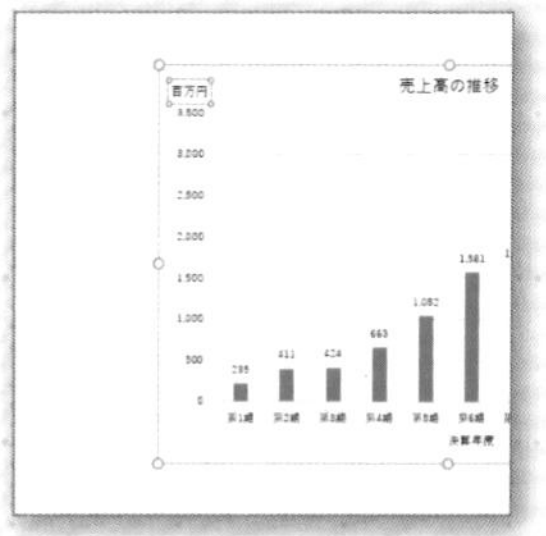

變更為「橫式」配置，可以騰出更大的圖表範圍！

圖表不只要正確，還要「一看就懂」。請製作出簡約且令人印象深刻的圖表吧！

只用 2～3 個字來決勝負吧！

130% 2.5倍

▲ 將單位縮小，使數字變醒目

50 % OFF 40 %↓ ダウン

▲ 空間不足時，可排成上下兩層

活用圖形，簡單又能提升視覺吸引力

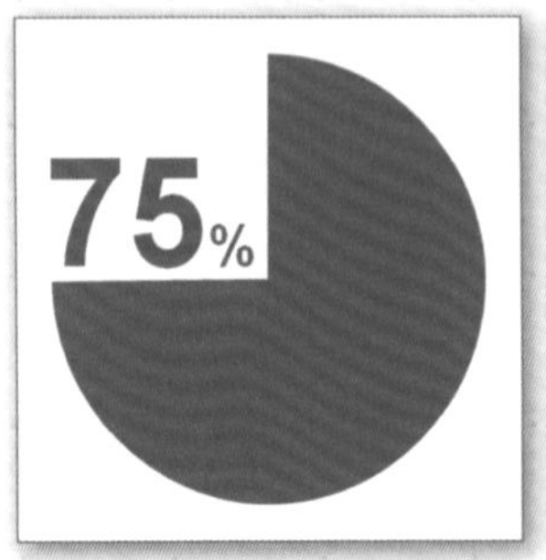

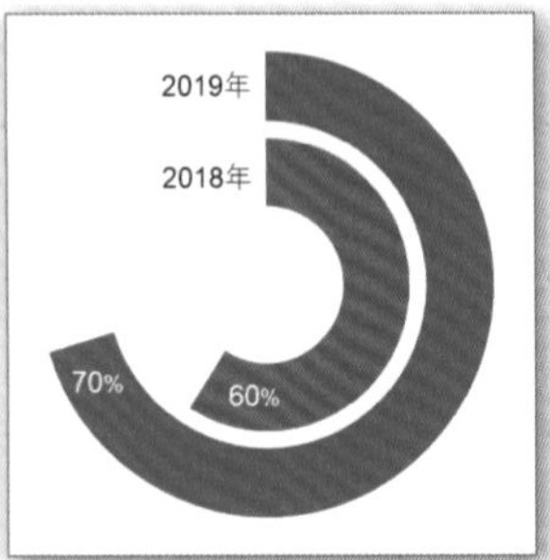

▲ 局部使用圓形（圓餅圖）或拱形來呈現百分比

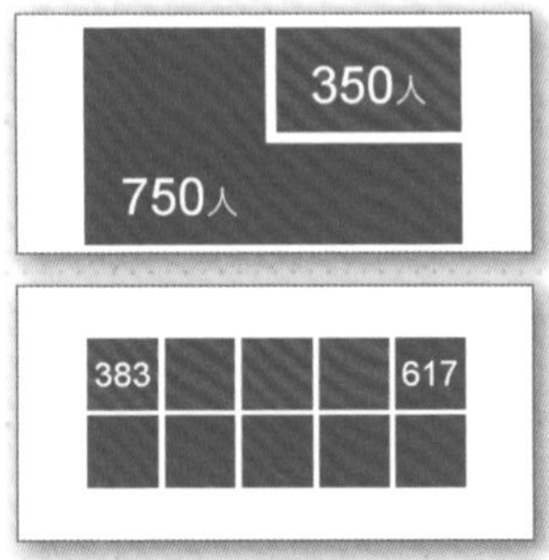

▲ 利用矩形與 L 字並排來表現大小與比例

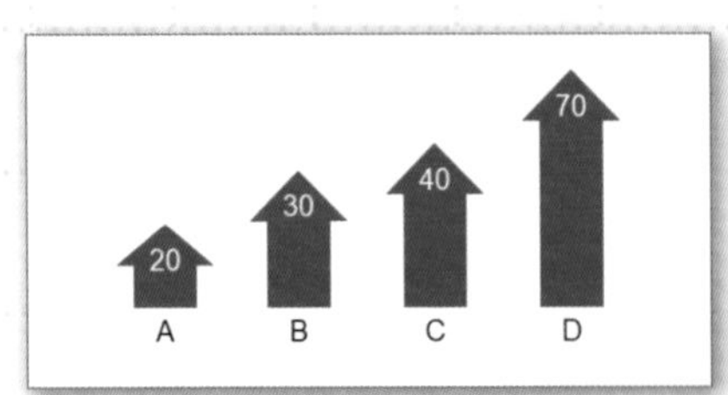

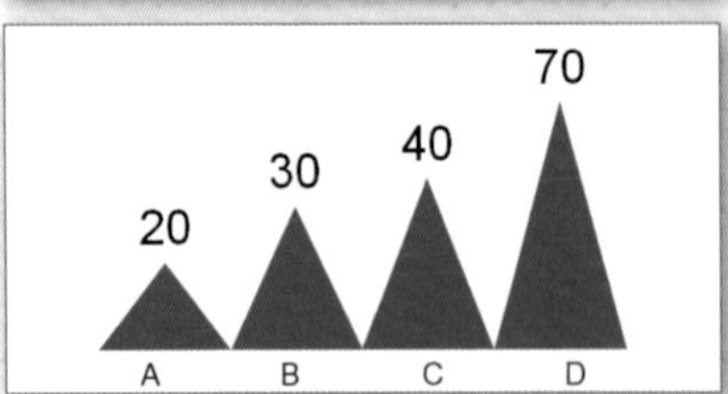

▲ 用實心箭頭或三角形來表現長條圖

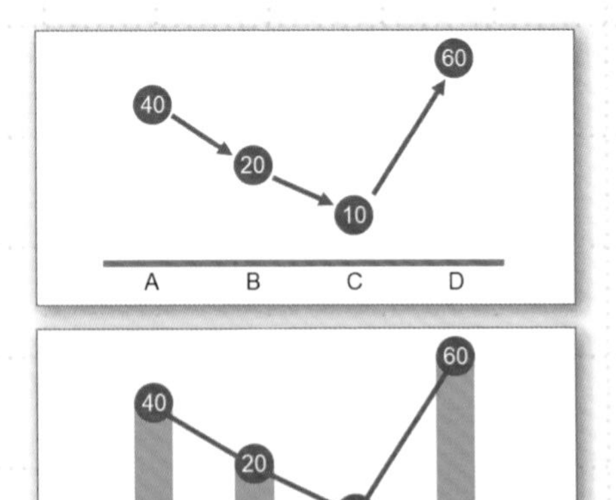

▲ 用直線或箭頭表現順序或時間的變化

活用圖示加強數據印象

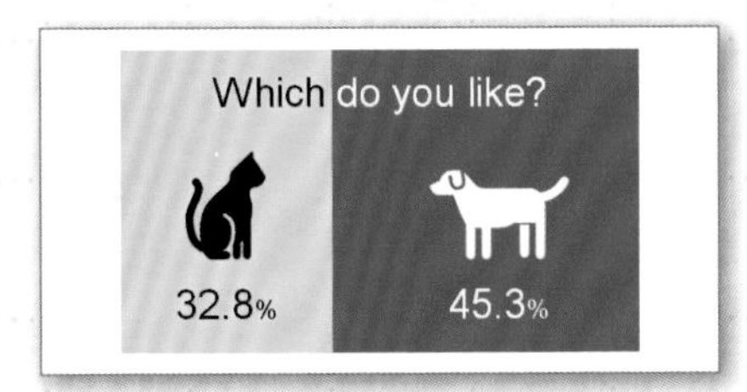

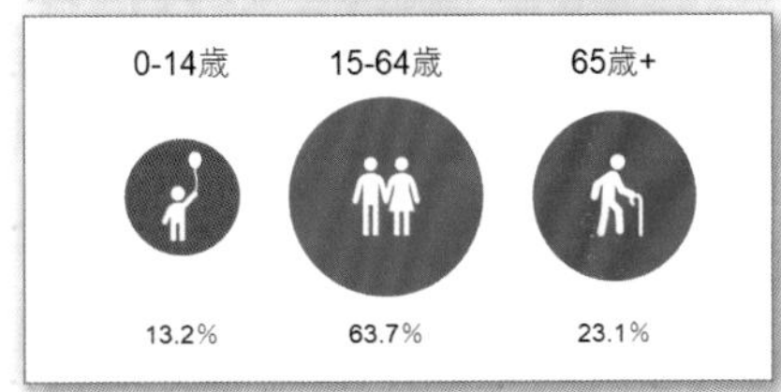

▲ 使用 10 個圖示來表現百分比

▲ 用填色面積的大小來比較數值

範例
4

活用視覺設計引導觀眾看到圖表重點

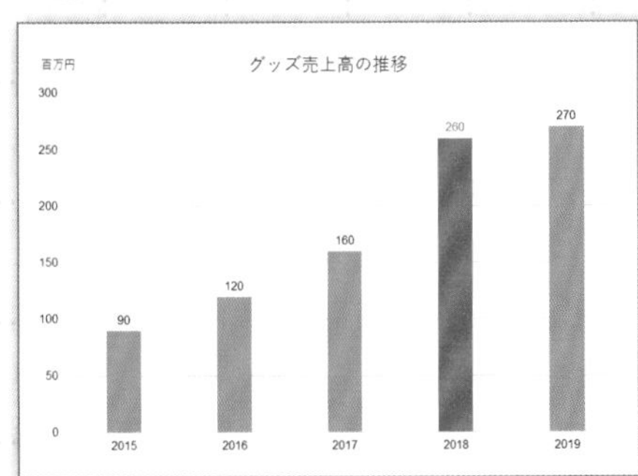

▲ 幫最想被看到的項目加上醒目的顏色

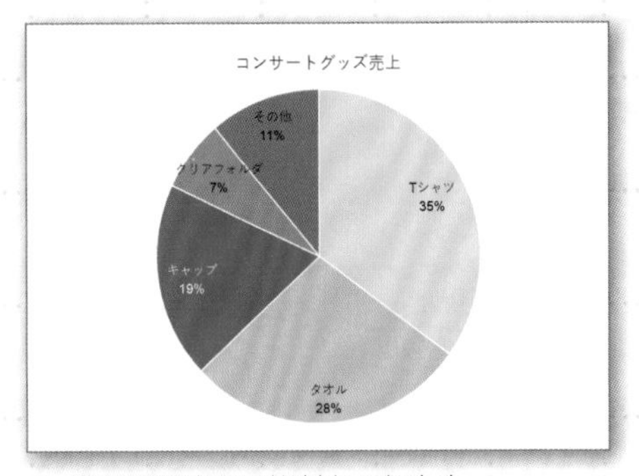

▲ 將圓餅圖的項目控制在 5 個左右

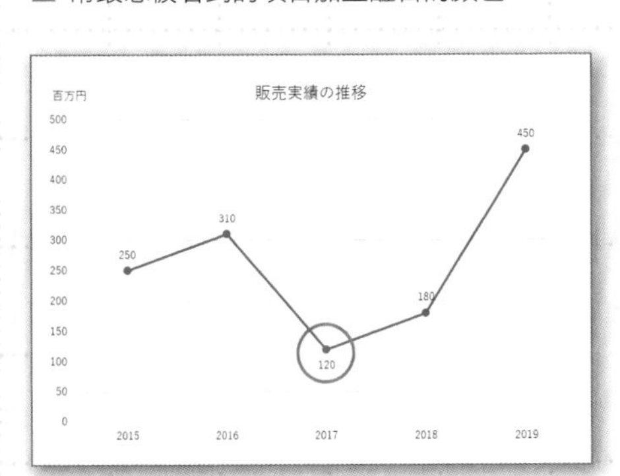

▲ 將圖形重疊，讓特定項目更引人注目

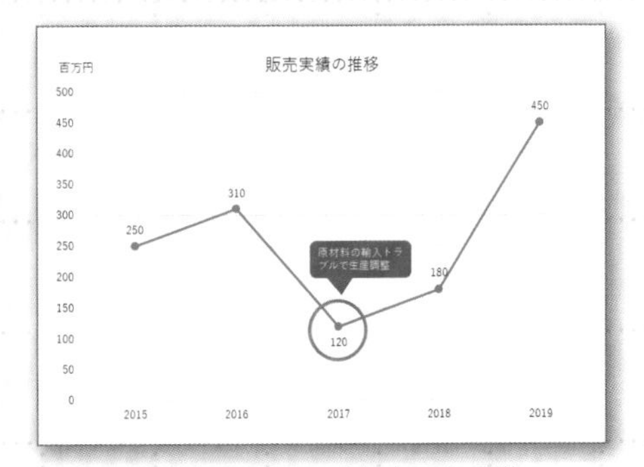

▲ 在重點處加上圖說，看起來更容易懂

範例 5 具強弱變化的圖表

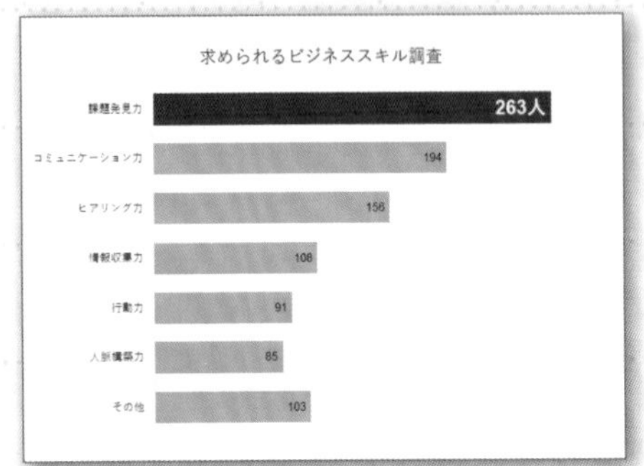

▲ 替重要的項目加上重點色或強調其文字

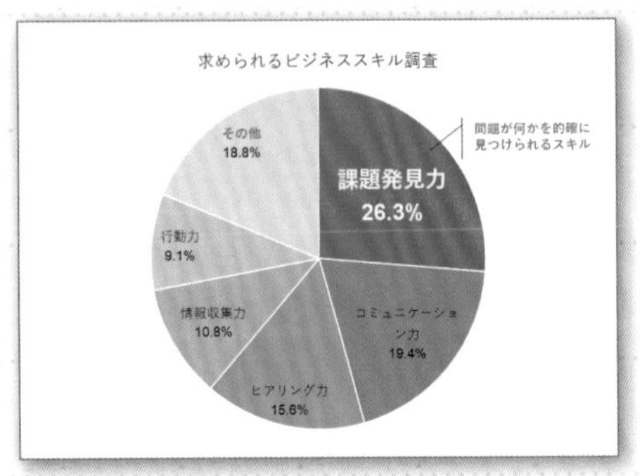

▲ 在重點的項目集中說明，加以強調

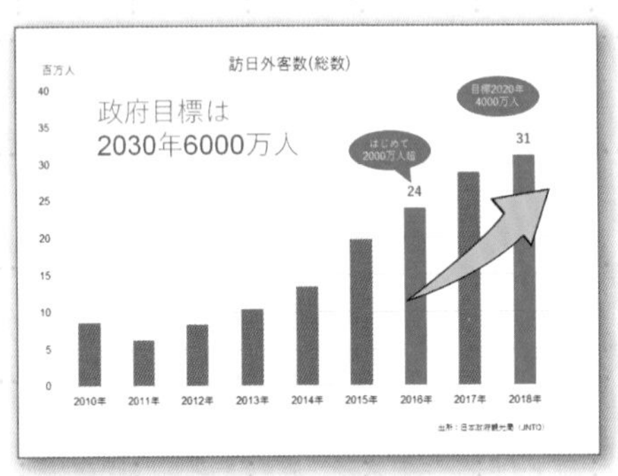

▲ 改變項目顏色與粗細，讓重點變明確

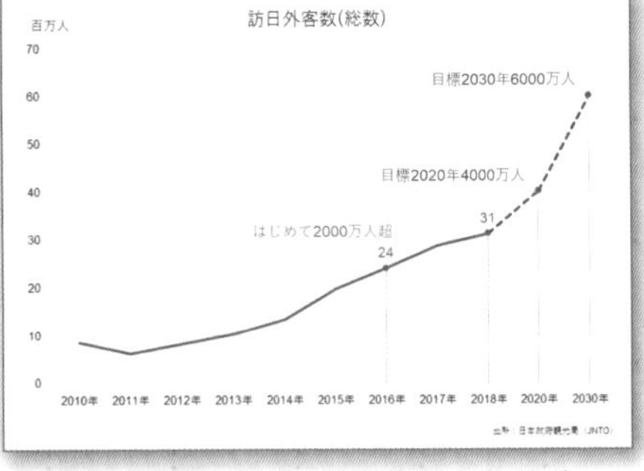

▲ 改變折線的一部份，使其變得容易區別

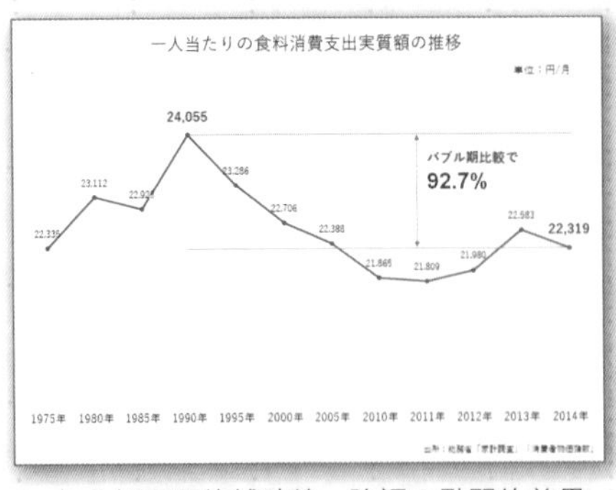

▲ 加入說明用的輔助線，強調 2 點間的差異

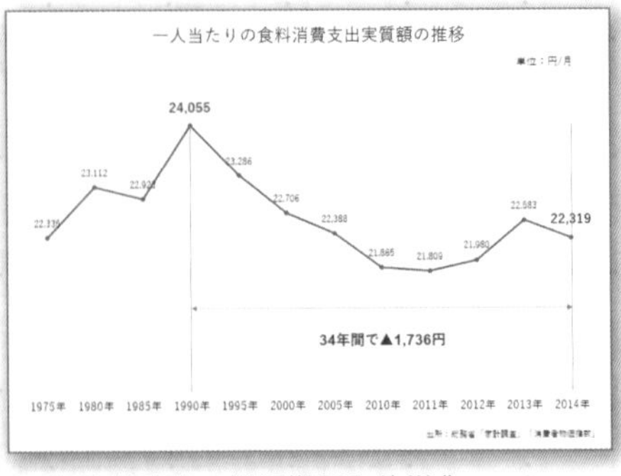

▲ 加入輔助線，說明期間內的變化

說明系統概念的簡報：哪一個較能傳達公司形象？

※ 標題中譯：「CRM（客戶關係管理系統）已從共用階段邁向應用階段」

A

CRMは共有から活用のステージへ

顧客との良好な関係構築を目指すCRMシステムは、ITによる情報のデジタル化時代から、ソーシャルメディアとの連携を深める新しいステージへと移行しています。

顧客との関係性を深めていくためには、あらゆる情報が発信されるソーシャルメディアの情報をモニタリングし、高度に活用することが求められています。

スマホやスマートウォッチなどのウェアラブルデバイスから、いつでも情報が発信できるリアルタイム性に対応し、蓄積したビッグデータを分析・加工して商品開発や販売活動、経営戦略に活かす必要があります。

B

CRMは共有から活用のステージへ

顧客との良好な関係構築を目指すCRMシステムは、ITによる情報のデジタル化時代から、ソーシャルメディアとの連携を深める新しいステージへと移行しています。

顧客との関係性を深めていくためには、あらゆる情報が発信されるソーシャルメディアの情報をモニタリングし、高度に活用することが求められています。

スマホやスマートウォッチなどのウェアラブルデバイスから、いつでも情報が発信できるリアルタイム性に対応し、蓄積したビッグデータを分析・加工して商品開発や販売活動、経営戦略に活かす必要があります。

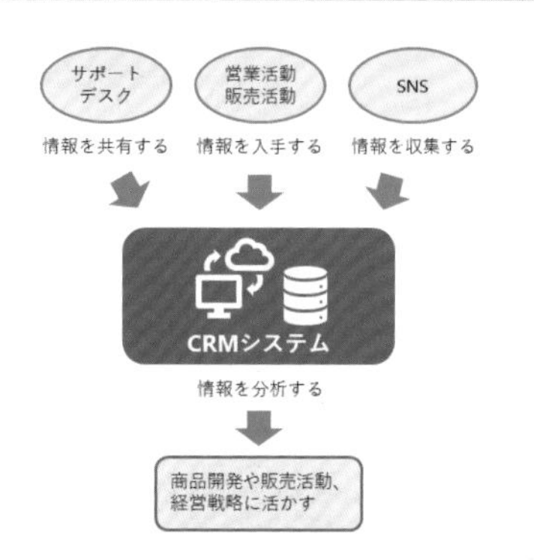

簡報中使用的照片，有傳達出想要表達的訊息嗎？

Q 20 的答案　B

NG 的理由

× 使用太多照片，主題變得含糊不清
× 照片中無法解讀出想要傳達的主旨
× 照片與圖說無法互補

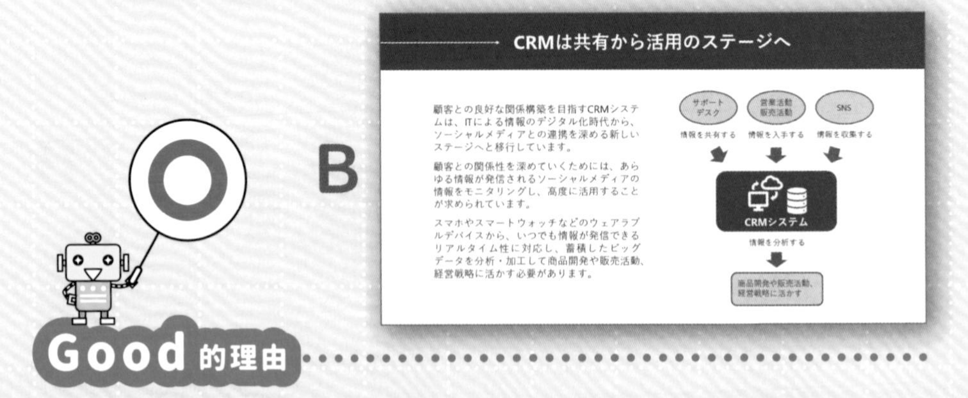

Good 的理由

○ 透過圖解讓理論的流程變明確
○ 活用圖解表達想要傳達的概念
○ 只要循序閱讀就能想像畫面

圖解中最重要的是「視覺性資料」。請避免複雜，簡單描繪！

❶ 把資訊圖解化，可衍生許多好處！

如果把看似複雜的事情拆解開來，可能會發現結構相當簡單。就像這樣，將複雜的資訊改用視覺化的圖來解說，這就是「**圖解**」。

用圖解表達概念有四大好處：① 讓理論變得更明確而且內容更容易理解、② 縮短閱讀時間而受讀者歡迎、③ 圖解的過程有助於釐清製作者的思緒、④ 讓任何人都能理解內容。

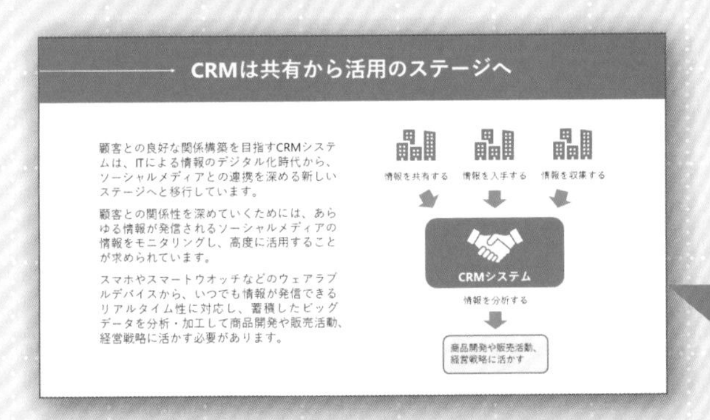

使用無意義的圖示或難聯想的插圖會招致誤解。請挑選任何人皆可簡單想像的圖案。

❷ 設計圖解時，用簡單的圖形即可！

使用單純的圖形如圓形、矩形、箭頭等基本圖形，思考大小、位置、尺寸與種類來加以安排，即可表現元素的關聯性、大小、變化與位置等。

另外，PowerPoint 還提供隨選即用的「**SmartArt**」圖形，使用時建議先解散群組後擷取部分來使用，以提高編輯的自由度與原創性。

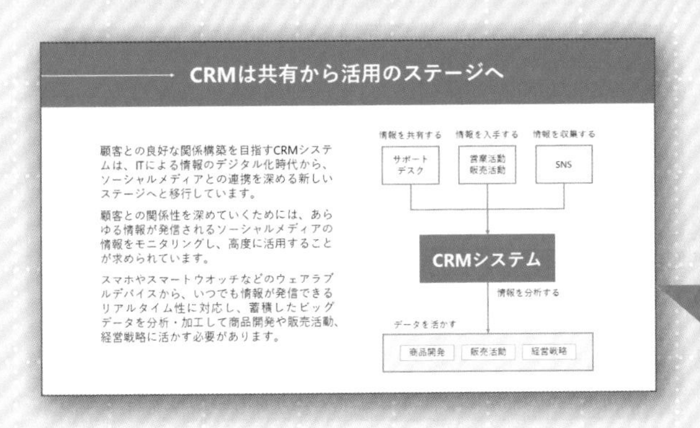

只用矩形與箭頭製作圖解的例子。先在腦海裡仔細整理論點，然後試著將元素清楚明確地結合成圖解！

PowerPoint 中的「SmartArt」圖形，是由多個圖形集結構成。

在 PowerPoint 加入「SmartArt」後，建議執行 2 次『解散群組』命令，即可單獨處理其中的各個圖形。

只使用「SmartArt」中的一部分圖形

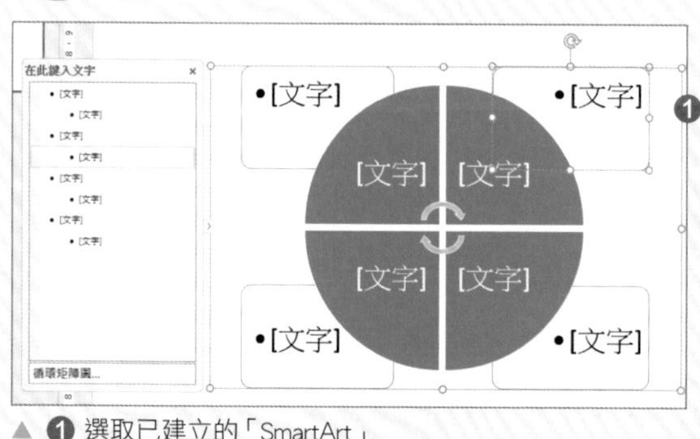

▲ ❶ 選取已建立的「SmartArt」

▲ ❷ 按下 Ctrl + Shift + G 鍵

▲ ❸ 再按一次 Ctrl + Shift + G 鍵以解散群組，此時所有元素會呈現選取狀態

▲ ❹ 用 Delete 鍵刪除不需要的元素，只保留必要的元素

※ 在步驟 ❷ 的操作時，按下 [SmartArt 工具／設計] 分頁 [重設] 區的 [轉換] 鈕，然後再選取 [轉換成圖形]，也可得到相同結果。

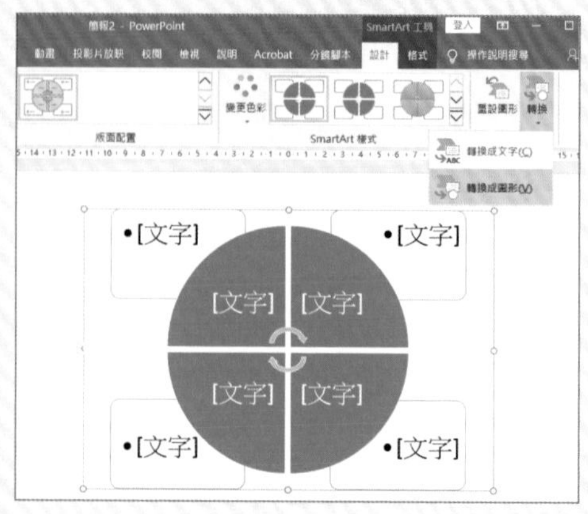

※ 解散群組後的圖形與標準的圖形並不相同。舉例來說，即使看似圓角矩形，也可能不會顯示圓角的變形控制手把，因此建議先變更為相同圖形再編輯比較好（請從 [繪圖工具／格式] 分頁的 [插入圖案] 區執行『編輯圖案／變更圖案』命令）。

若使用**合併**圖案的功能，即可製作有別於預設的圖案。合併為單一形狀，或是擷取重疊的部分，即可製作出更有原創性的自定圖案。

操作2 製作原創圖案

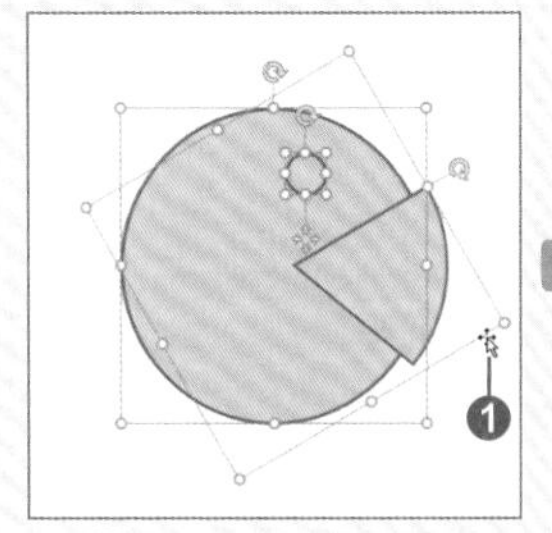

▲ ❶ 按住 Shift 鍵，然後點按多個圖案

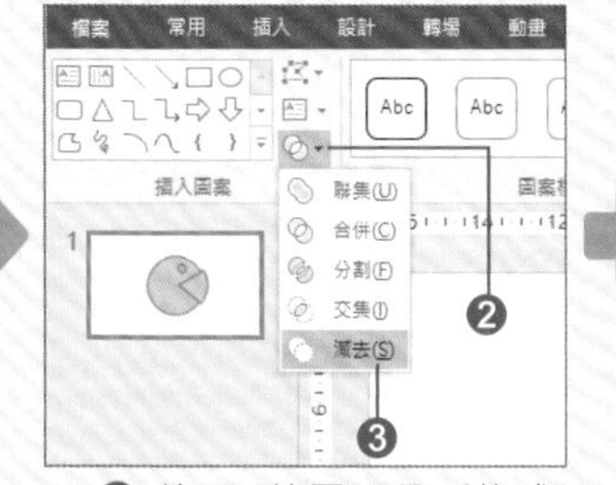

▲ ❷ 按下 [繪圖工具／格式] 分頁 [插入圖案] 區的 [合併圖案] 鈕
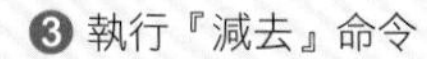
❸ 執行『減去』命令

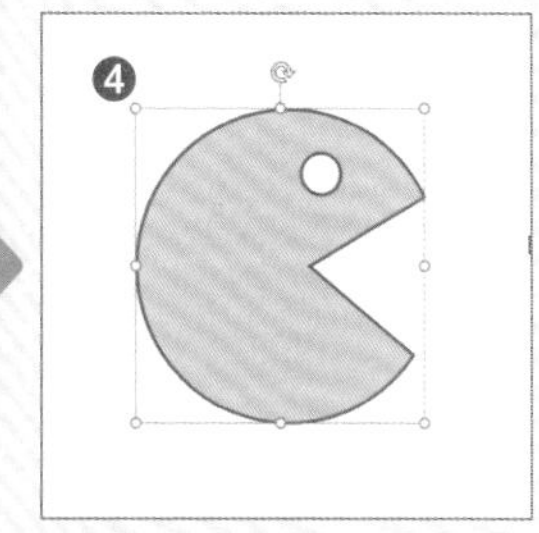

▲ ❹ 新圖案製作完成了

※ 合併圖案的功能之中，「聯集」是合併圖案的輪廓，「合併」則是挖空重疊的部分再合成。
執行合併圖案後的顏色與框線等格式，會繼承步驟 ❶ 最初所選取的圖案之格式。

操作3 製作反白文字

合併圖案的功能也可套用在文字方塊上。可以完成局部文字旋轉或填色等設計。運用在標題與或文案上也不錯喔！

▲ ❶ 先點選矩形
❷ 接著點選文字方塊

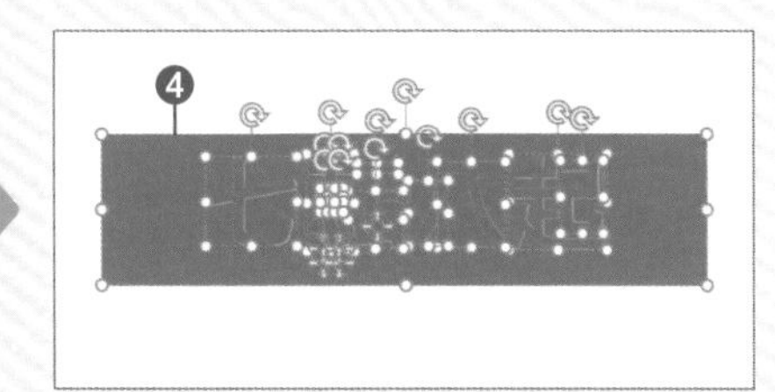

▲ ❸ 若執行『分割』命令，可將文字挖剪出來
❹ 刪除矩形

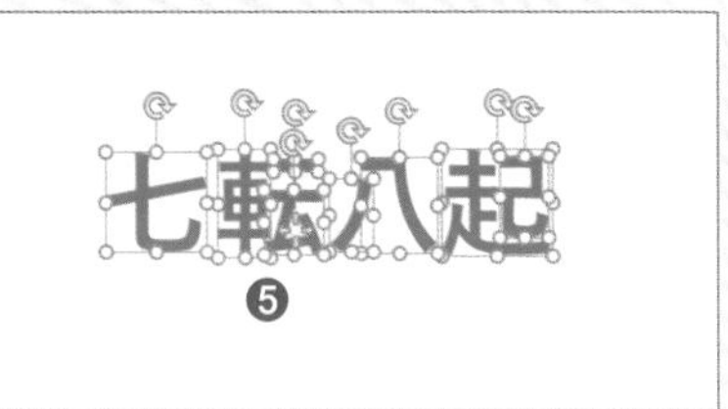

▲ ❺ 刪除「転」字「車」字旁的小矩形等處

▲ ❻ 在重點處填入顏色並傾斜

在圖形種類與組合上花點巧思，製作出符合主旨的圖解吧！

範例 1 分類・範圍圖

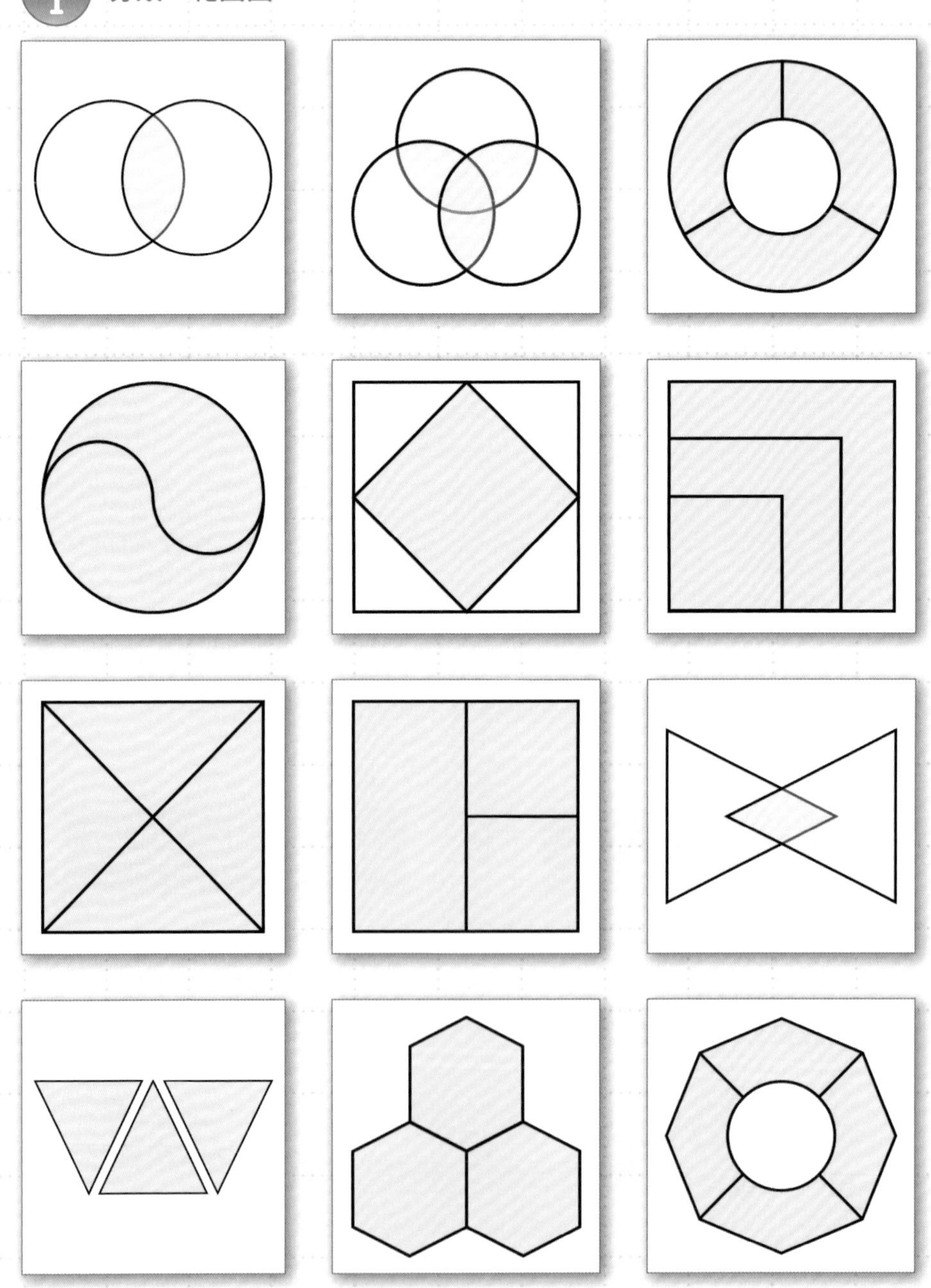

關係・關聯圖

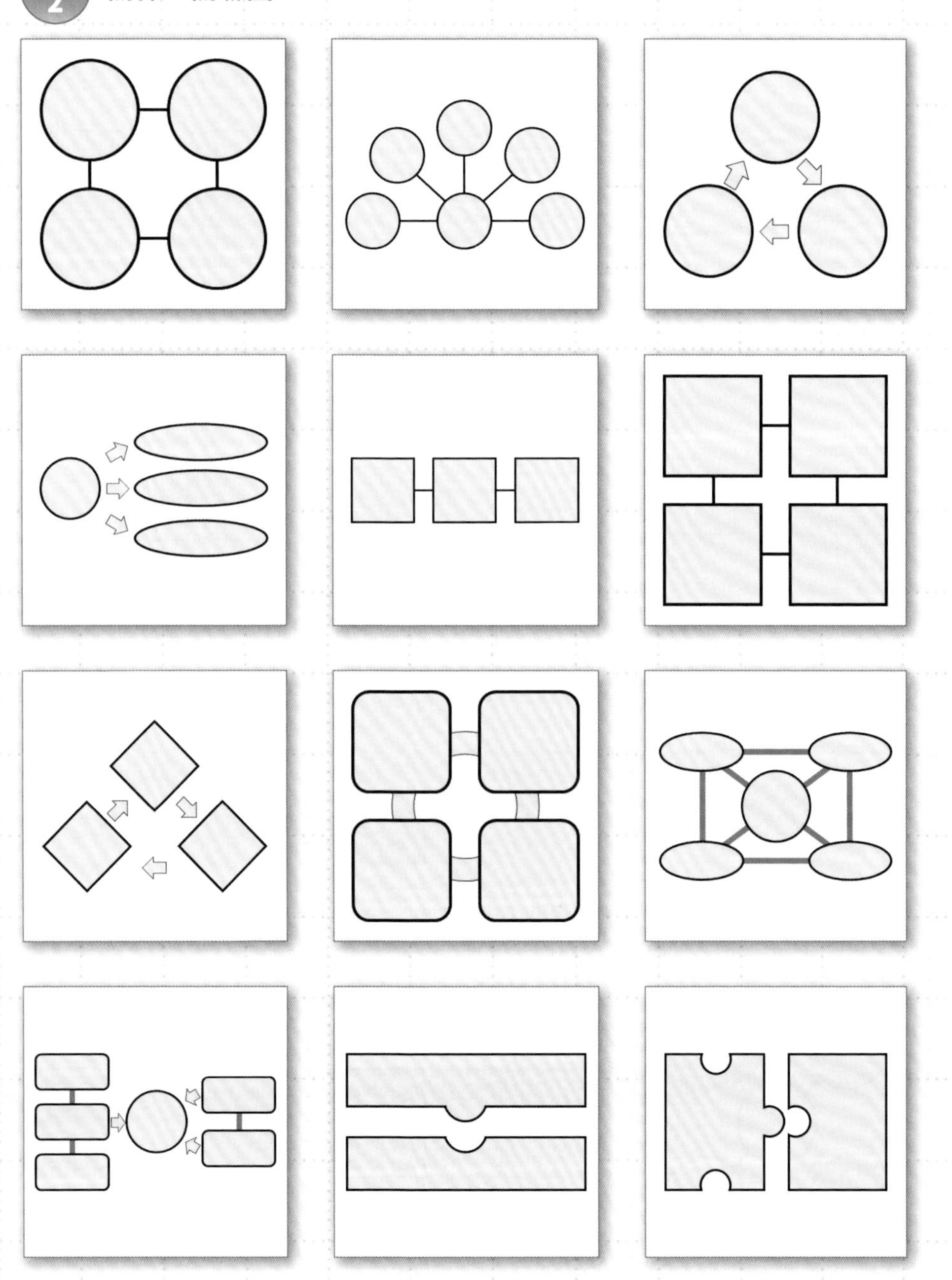

範例 3 方向・動線圖

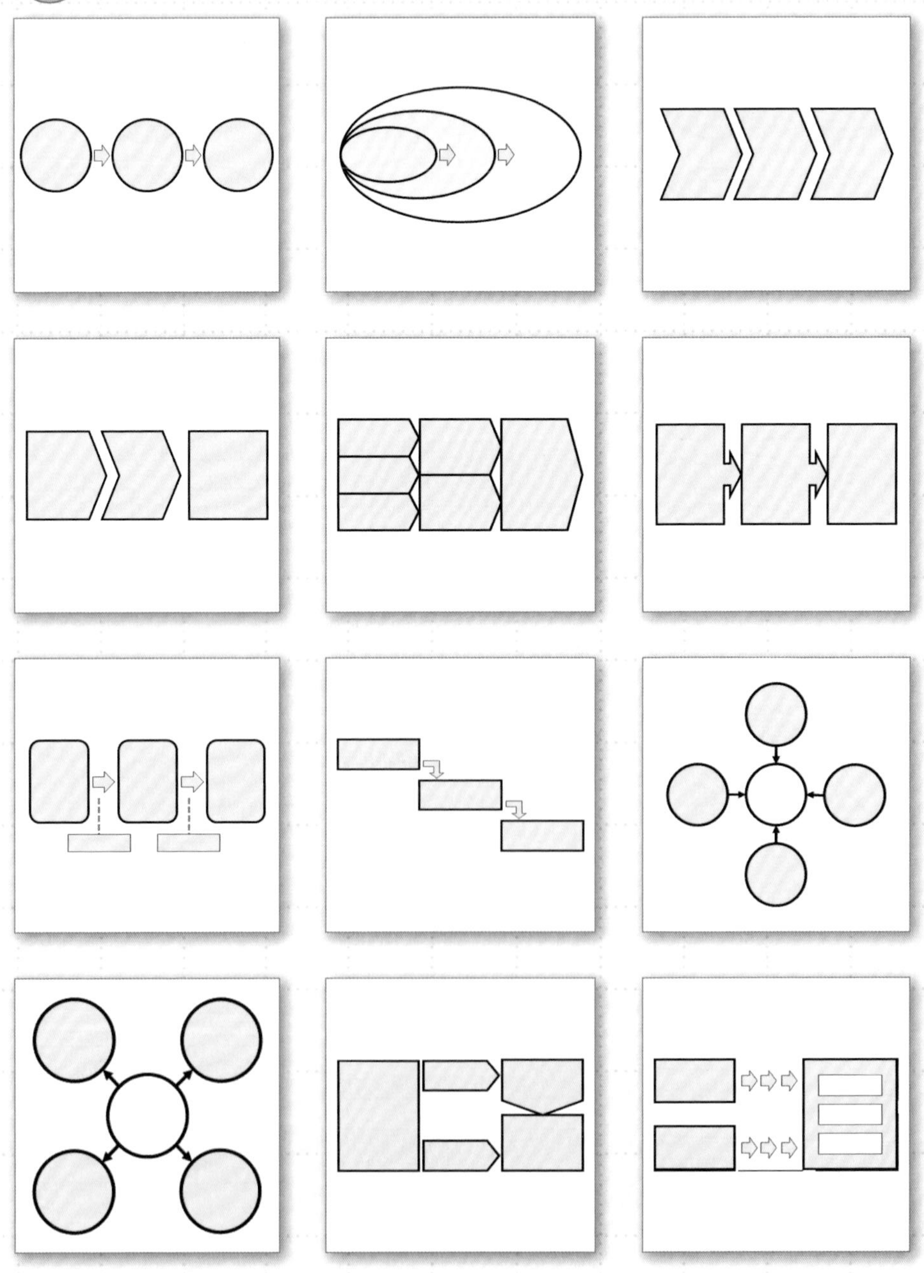

變化・展開圖

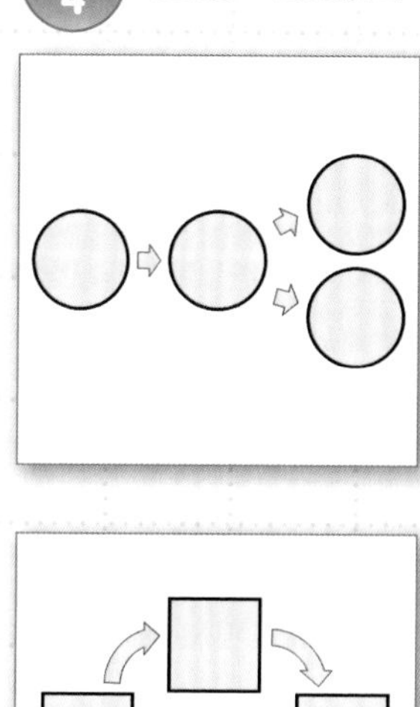

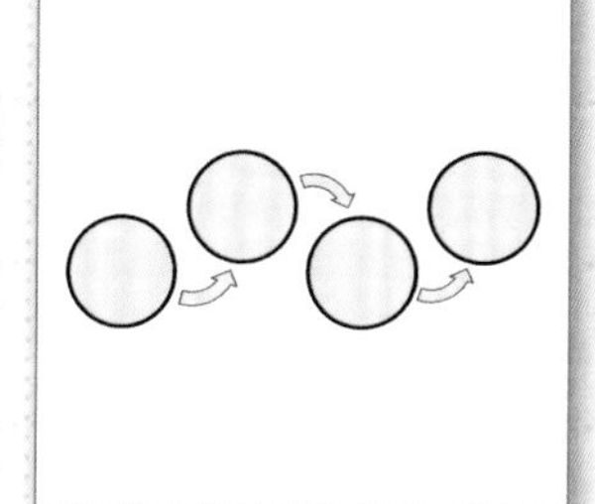

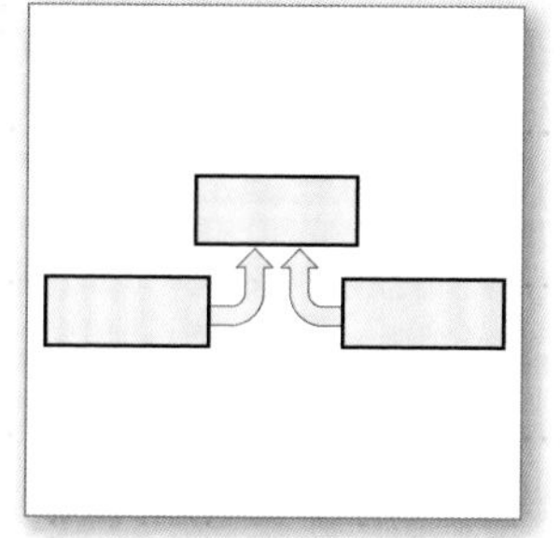

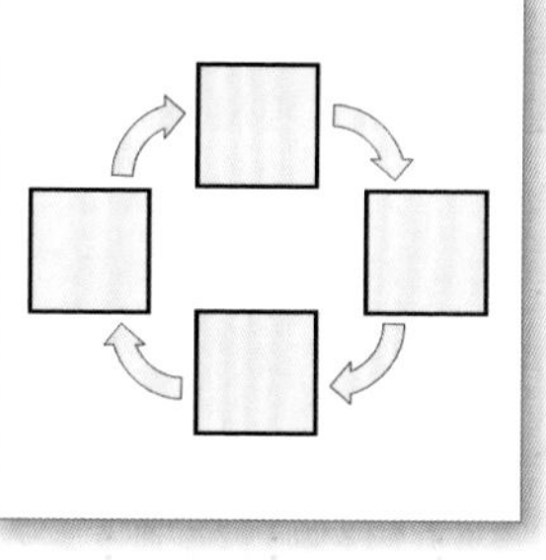

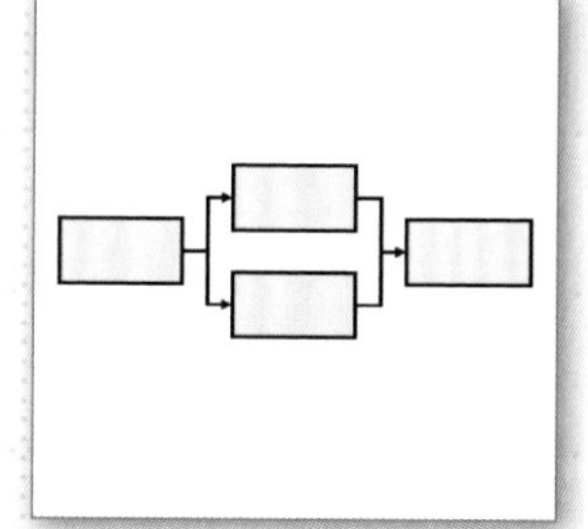

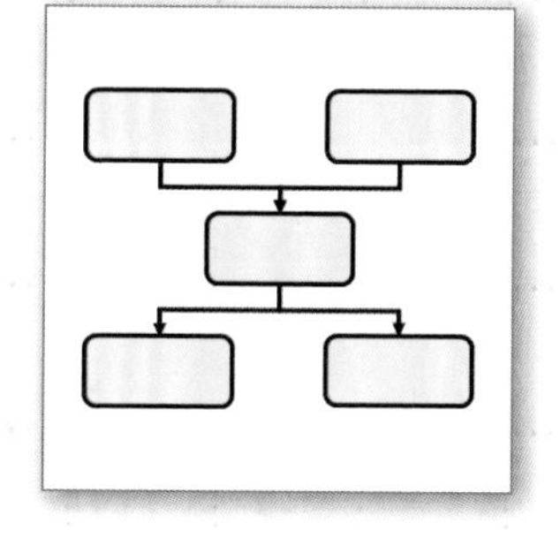

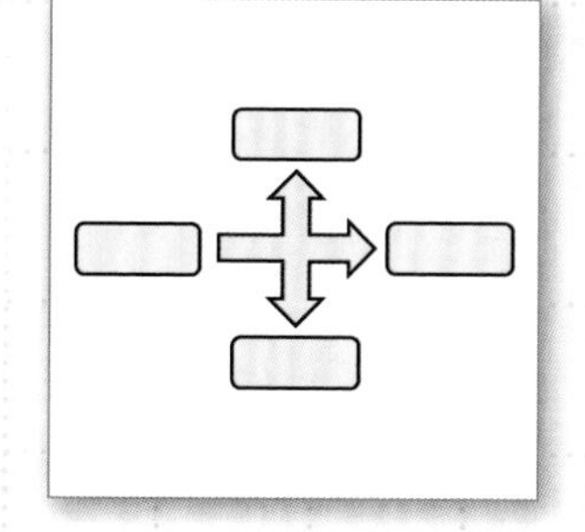

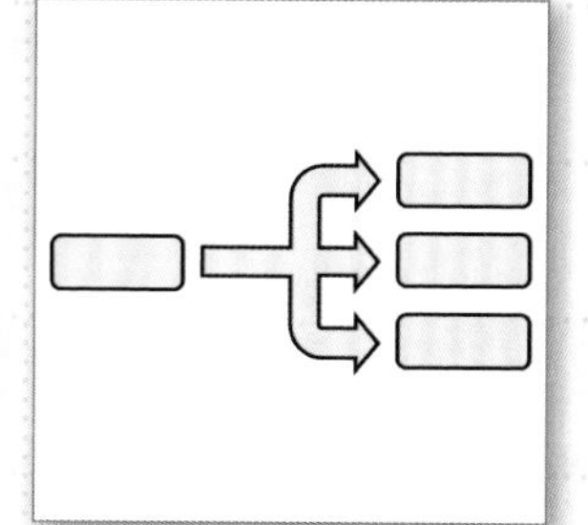

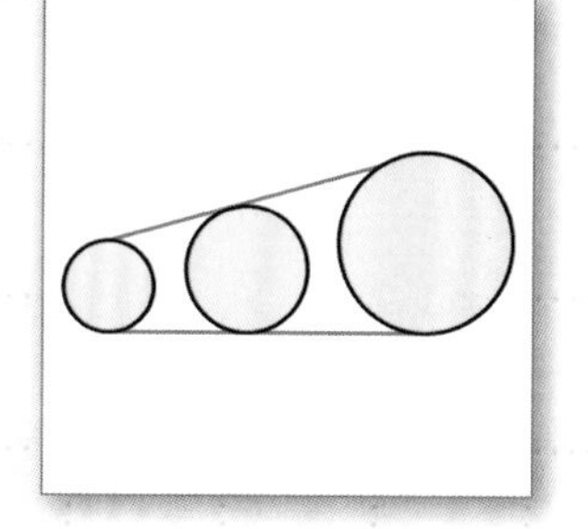

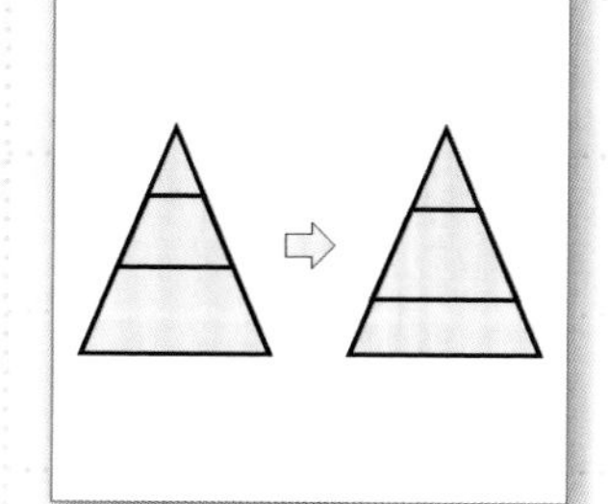

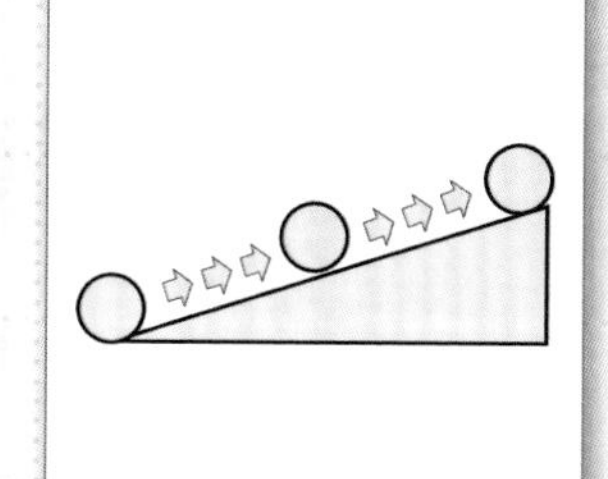

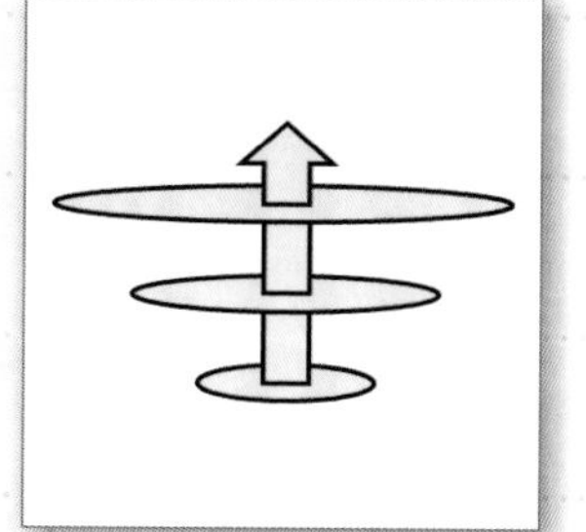

製作成圖解，讓任何人都能理解！

所謂的圖解，就是將錯綜複雜的結構或事情，化為簡單結構，並且用圖片展示的工作。一份易於閱讀的資料，要有精簡的圖解與精益求精的文案。

《圖解的好處》

❶ 讓含糊又雜亂的思緒變得明確
❷ 當思考方法與理論出現矛盾時，可實際用眼睛確認圖解
❸ 簡言之，若沒有先消化內容，就無法做出好的圖解

圖表就是將數據改成直覺的視覺化方式傳達出去！

想要以直覺的視覺化方式說明數量型態，不妨活用種類多樣化、呈現方式豐富的圖表功能吧！

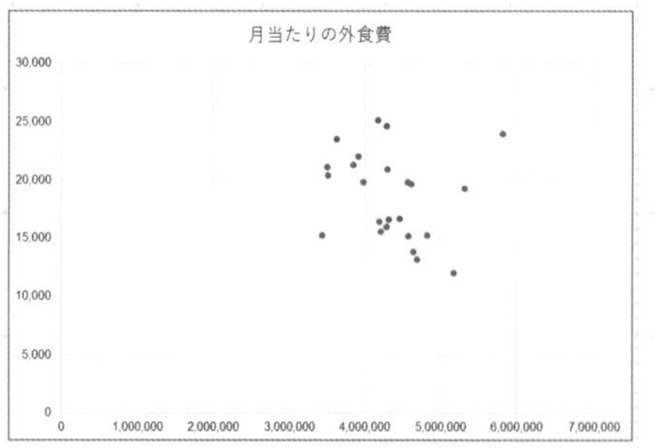

「散佈圖」最適合用來表現 A 和 B 的關聯性！

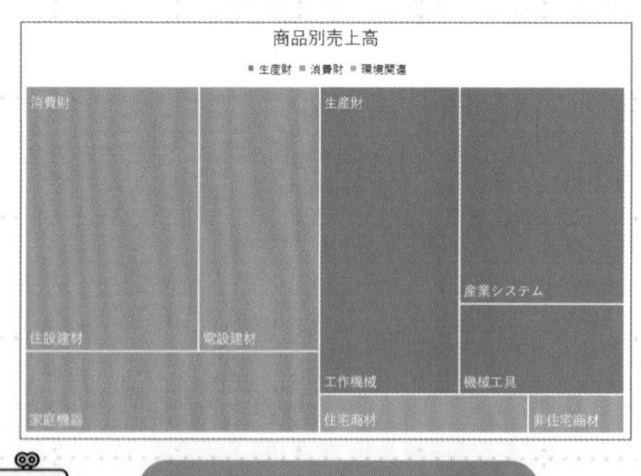

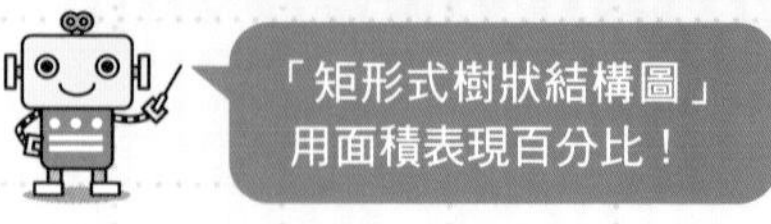

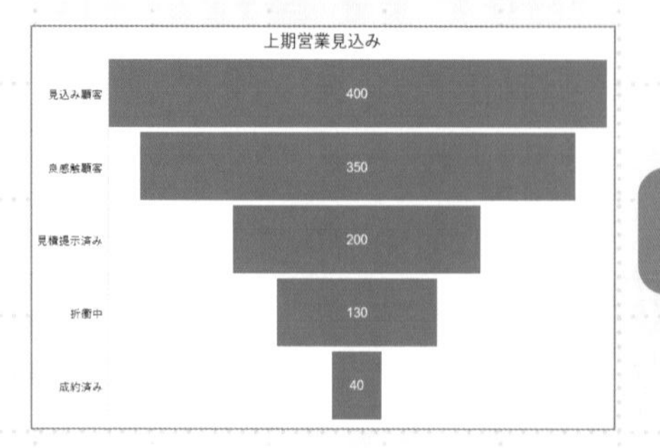

「漏斗圖」可用來說明各流程的數值變化！

向新進員工介紹公司的文件。想傳達安心感與信賴感時，哪一個呈現方式最適合？

※ 標題中譯：「來自公司前輩的分享」

1

2

3

問題 G 的答案 ❸

讓攝影主體的大小一致，平衡感會更好！

人物與物品的照片有別於風景照，其攝影主體的形狀通常是清楚明確的。這些攝影主體以相同處理方式排列時，建議要讓大小一致，會比較協調。角度與距離不同時，請加以裁切，使其大小一致吧！

❶ 將人像裁切後直接使用原寸大小。有的人像大、有的人像小、有全身照的人像，也有只裁切到膝下的人像，看起來參差不齊。若不妥善整理這些資訊，無法表現安心感與信賴感。是裁切的失敗例子。

❷ 將裁切去背的攝影主體旋轉配置。雖然想要營造歡樂與趣味性，但是與「前輩寫給後輩的訊息」這種嚴謹的內容不搭。既然文章本身較為正式，比較適合高格調的版面。

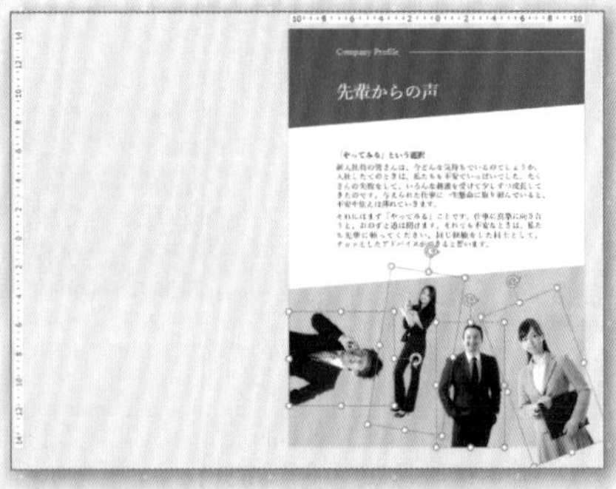

❸ 統一每個攝影主體的可視範圍，都是「從頭部到腰部」。每一張照片分別縮放至相同大小，身體的平衡感顯得一致且美觀。資訊有確實地整理過，傳達出安心感與信賴感的氛圍。

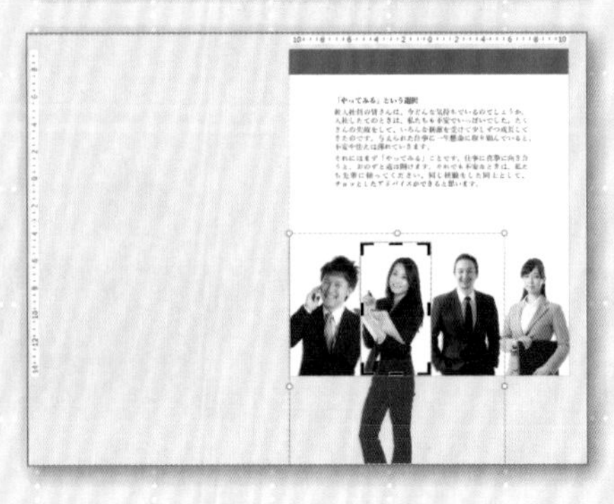

以下有各種不同的圖表，哪些看起來不易解讀，容易讓人誤解？（複選）

❶ 鉅細靡遺製成的圖表

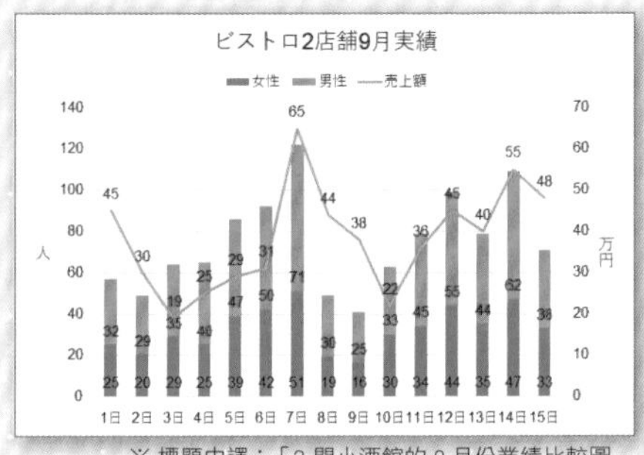

※ 標題中譯：「2 間小酒館的 9 月份業績比較圖」

❷ 只有單一項目的圖表

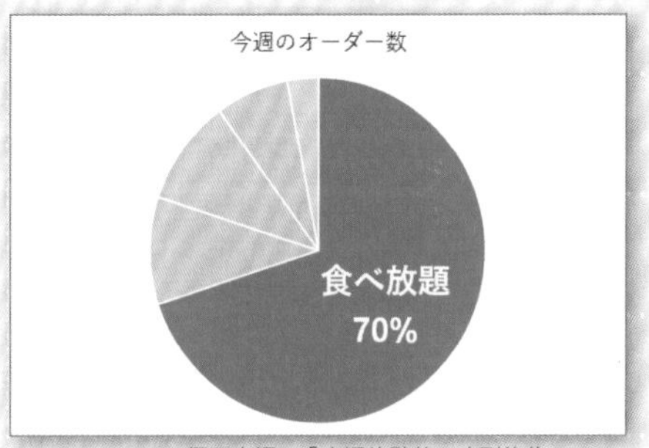

※ 標題中譯：「本週的點菜：吃到飽佔 70%」

❸ 沒有數字的圖表

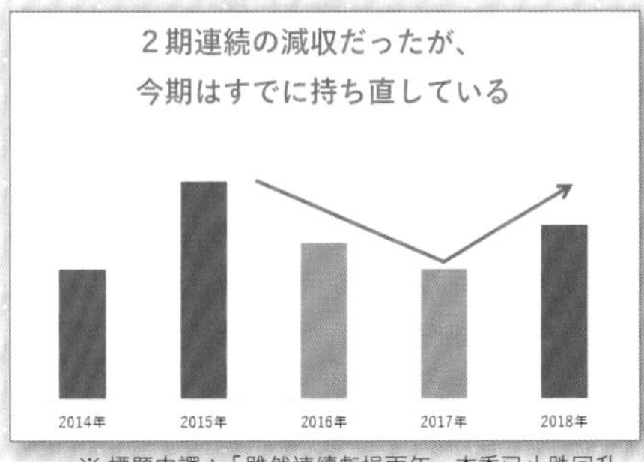

※ 標題中譯：「雖然連續虧損兩年，本季已止跌回升」

❹ 沒有座標軸的圖表

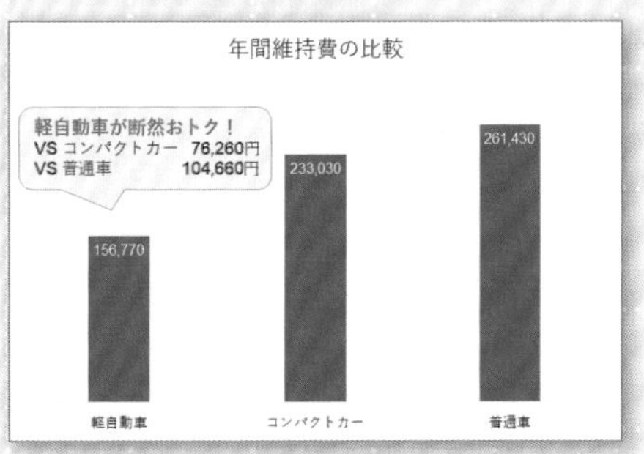

※ 標題中譯：「全年維護費用比較圖」

❺ 有圖例的折線圖表

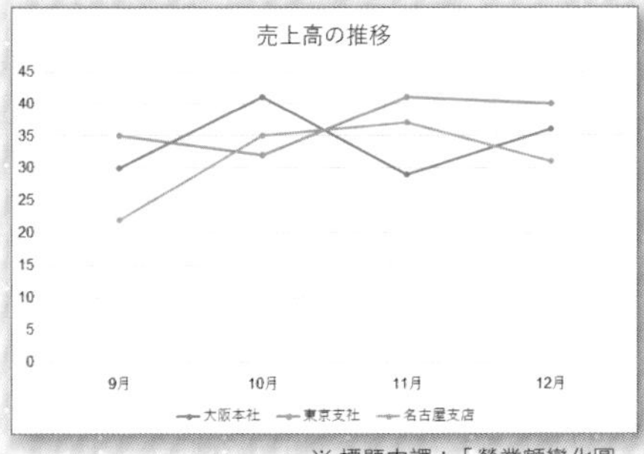

※ 標題中譯：「營業額變化圖」

❻ 氣派的立體圖表

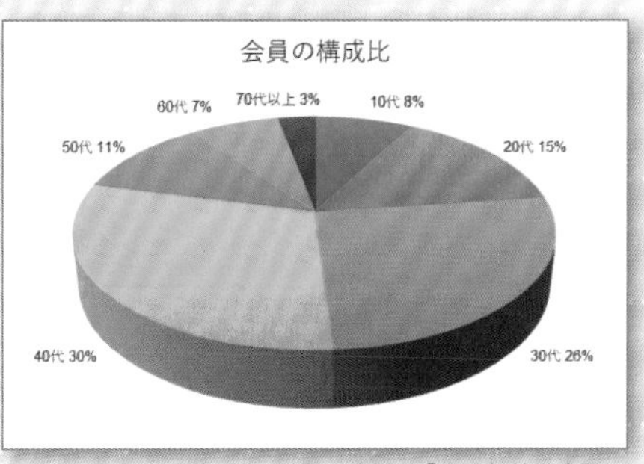

※ 標題中譯：「會員年齡組成圖」

問題 H 的答案 ❶❺❻

選擇適當的圖表，傳達效果會更好！

❶ 是顧客數與銷售額的複合圖表。若將手上的數據全都製成圖表，反而會徒增干擾。建議如右圖修改為強調重點、更簡單易懂的圖表。

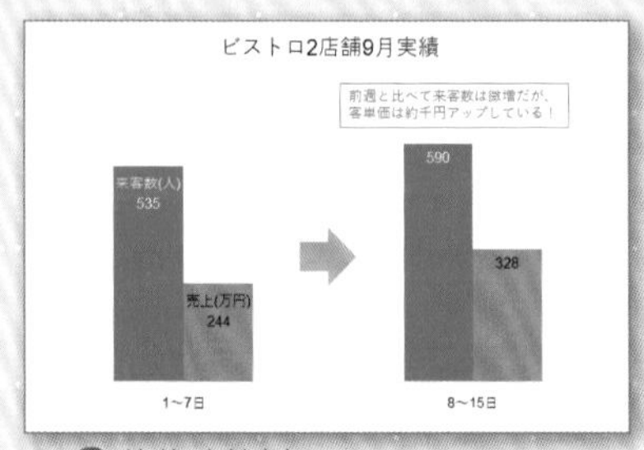

▲ ❶ 的修改範例

❷ 只強調單一項目的圓餅圖，適合用來強調壓倒性的事實，或是在不想詳述各項目細節時使用，效果很好。

❸ 這類沒有數值的長條圖，可用於傳達背後理由與事實的情況。以本例來看，比起數值的變化，此圖表更想強調已經止跌回升這項事實。

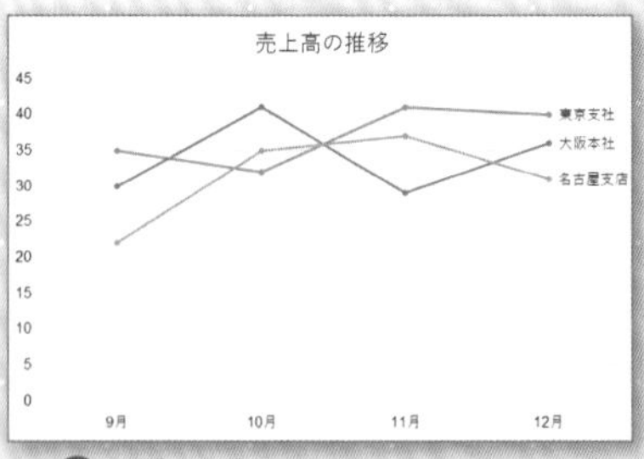

▲ ❺ 的修改範例

❹ 的長條圖表雖然沒有座標軸，但是用資料標籤表現數值，並且用對話框添加重點解說，這麼做反而因為減去多餘的項目而顯得清楚明確。

❺ 的折線圖乍看沒有問題，但在閱讀時需要比對圖例與數列，視覺動線會反覆來回，可能造成讀者的麻煩。建議把數列名稱擺在項目旁，會更容易閱讀。

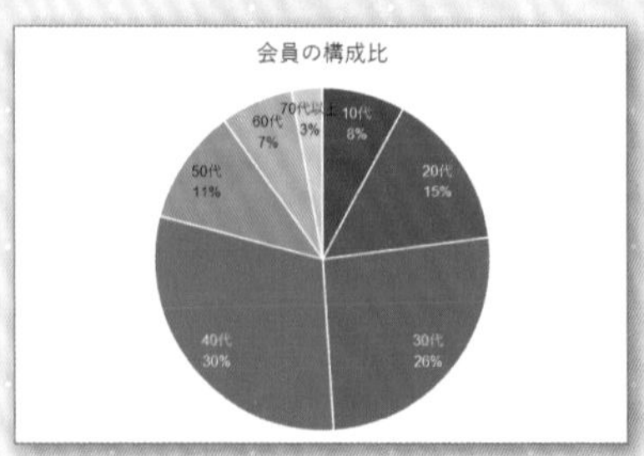

▲ ❻ 的修改範例

❻ 這類的立體圓餅圖，花俏的分割讓人難以比較面積與比例，也可能因為角度而看錯。建議修改為一般的圖表即可。

透過 NG 和 OK 範例掌握改善要點！

用心製作的內容，卻無法傳達到對方心中，或許是因為用錯方法了。到底是哪裡出差錯呢？應該修改哪些地方呢？這將會依資料的種類與目的、訊息的表現方法等各種切入點而有所改變。
本章將介紹許多容易發生的失敗案例，以及應該如何調整才能提高傳達力的修改重點。希望大家透過觀察各式各樣的 NG 與 OK 修改範例，可以藉此提升設計的技巧。

01 資料整理 文章看起來太平淡 → NG

平淡的資訊一點也不吸引人

如果光是把文章整篇放在版面上，看起來會很平淡。也就是說，重要的資訊與其他資訊沒有區隔開來，如此一來就不會讓人想要「讀讀看」。

NOTIFICATION

新テクノロジー搭載のXシリーズ
2019年8月11日発売!!

Xシリーズはツアープロから高い評価を受けるNシリーズの新モデルです。世界中のツアーを席巻したNシリーズが進化を遂げ、ツアープロからアマチュアまでを魅了するXシリーズとして新登場しました。

ヘッドの反発力をルール上最大限にチューニングする新テクノロジー「ヘッドステール」をドライバーに搭載しました。さらに、打点傾向から生み出された「オートフェース」が弾道のバラつきを低減し、抜群の飛距離をアップさせるドライバーが生まれました。

アイアンには、ヘッド剛性を向上して初速アップに貢献する「ハードブリッジ」機能を搭載しています。Xシリーズのすべてにテーラーメイドの探求心と革新性が備わっています。

※標題中譯：「具備新科技的 X 系列球桿　2019年8月11日上市！」

- 只是單純排列文章
- 資訊缺乏差異化而顯得平淡
- 看不出重點所在

要讓讀者一眼看到重要的資訊！

標題、小標、內文之間，要有明顯的區別。優先順序高的資訊，文字就要比較大，看起來才會比較醒目。重點是「想要傳達資訊」，就必須勇敢地捨去枝微末節。

NOTIFICATION

新テクノロジー搭載のXシリーズ
2019年8月11日発売!!

Xシリーズはツアープロから高い評価を受けるNシリーズの新モデルです。Xシリーズのすべてにテーラーメイドの探求心と革新性が備わっています。

高反発力を生む「ヘッドステール」
ヘッドの反発力をルール上最大限にチューニングする新テクノロジー「ヘッドステール」をドライバーに搭載しました。

飛距離をアップさせる先進機能
打点傾向から生み出された「オートフェース」機能が弾道のバラつきを低減し、抜群の飛距離をアップさせるドライバーが生まれました。アイアンには、ヘッド剛性を向上して初速アップに貢献する「ハードブリッジ」機能を搭載しています。

- 標題相當醒目
- 活用小標訴求重要的資訊
- 設定優先順序，讓文章結構更易讀

文章的結論有好多個 → NG

「這一頁想表達的內容」到底是什麼？

長篇的文章，不讀到最後看不出結論；而在閱讀的過程中，又常跑出好幾個關鍵字和重點。這種編排方式，無法讓人迅速掌握該頁要表達的重點。

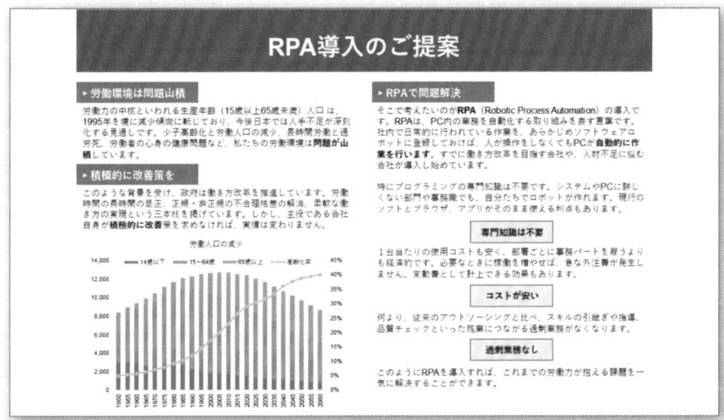

※標題中譯：「導入 RPA（機器人流程自動化）之提案」

- 四處分散的小標語和關鍵字讓人感到疲累
- 多數情況並不需要詳細的圖表
- 不讀完文章就看不出結論

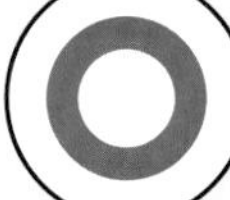

「一頁一結論」是最好的作法！

最好一頁裡只有一個結論，並且放在上方醒目的地方。在上面看到結論後，建議於動線的最後再次呼應結論。若是多頁的資料，也建議在各頁放入「該頁的結論」。

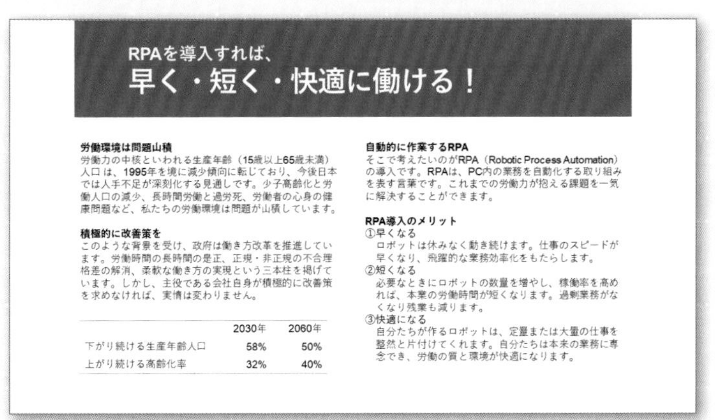

※標題中譯：「只要導入 RPA，
工作時就能更快、花費時間更短、更輕鬆！」

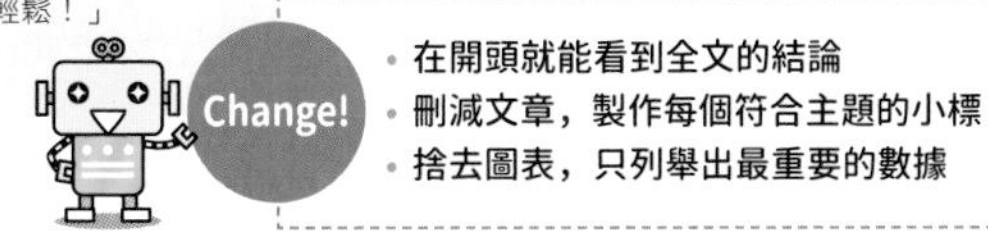

- 在開頭就能看到全文的結論
- 刪減文章，製作每個符合主題的小標
- 捨去圖表，只列舉出最重要的數據

03 資料整理 一行太多字 → NG

一行文字太多，一定會被嫌棄

就算是不太重視外觀的討論用資料，如果一行包含的文字太多，會令人難以下嚥。而且為了勉強將長篇大論的文章塞進版面，往往會不得不把文字縮小，更難閱讀。

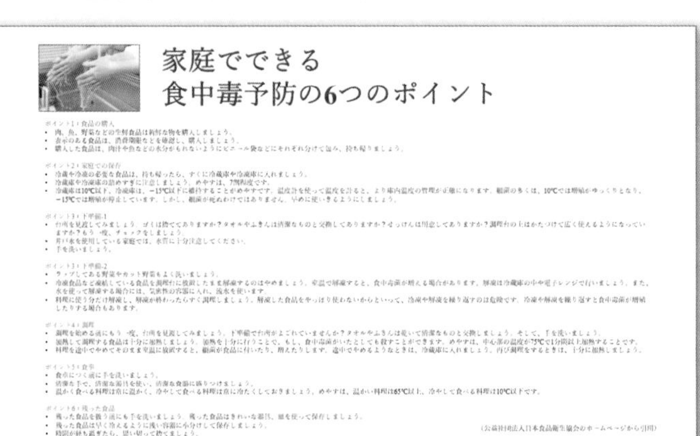

家庭でできる
食中毒予防の6つのポイント

（公益社団法人日本食品衛生協会のホームページから引用）

※標題中譯：「在家就能做到預防食物中毒的 6 個重點」

- 一行內容過長，導致視線移動距離很長
- 一行文字數量過多
- 勉強將大量文字塞進版面，使文字變小

編排成 3 欄會更容易閱讀！

編排長篇文章時，建議區分成 3 欄，可藉此控制一行的文字數量。建議一行大約 20 字左右，讓視線所及的文字量適中，不需要過度移動視線或在意換行問題。

家庭でできる
食中毒予防の6つのポイント

ポイント1：食品の購入
- 肉、魚、野菜などの生鮮食品は新鮮な物を購入しましょう。
- 表示のある食品は、消費期限などを確認し、購入しましょう。
- 購入した食品は、肉汁や魚などの水分がもれないようにビニール袋などにそれぞれ分けて包み、持ち帰りましょう。

ポイント2：家庭での保存
- 冷蔵や冷凍の必要な食品は、持ち帰ったら、すぐに冷蔵庫や冷凍庫に入れましょう。
- 冷蔵庫や冷凍庫の詰めすぎに注意しましょう。めやすは、7割程度です。
- 冷蔵庫は10℃以下、冷凍庫は、−15℃以下に維持することがめやすです。温度計を使って温度を計ると、より庫内温度の管理が正確になります。細菌の多くは、10℃では増殖がゆっくりとなり、−15℃では増殖が停止しています。しかし、細菌が死ぬわけではありません。早めに使いきるようにしましょう。

ポイント3：下準備-1
- 台所を見渡してみましょう。ゴミは捨ててありますか？タオルやふきんは清潔なものと交換してありますか？せっけんは用意してありますか？調理台の上はかたづけて広く使えるようになっていますか？もう一度、チェックをしましょう。
- 井戸水を使用している家庭では、水質に十分注意してください。
- 手を洗いましょう。

ポイント3：下準備-2
- ラップしてある野菜やカット野菜もよく洗いましょう。
- 冷凍食品など凍結している食品を調理台に放置したまま解凍するのはやめましょう。室温で解凍すると、食中毒菌が増える場合があります。解凍は冷蔵庫の中や電子レンジで行いましょう。また、水を使って解凍する場合には、気密性の容器に入れ、流水を使います。
- 料理に使う分だけ解凍し、解凍が終わったらすぐ調理しましょう。解凍した食品をやっぱり使わないからといって、冷凍や解凍を繰り返すのは危険です。冷凍や解凍を繰り返すと食中毒菌が増殖したりする場合もあります。

ポイント4：調理
- 調理を始める前にもう一度、台所を見渡してみましょう。下準備で台所がよごれていませんか？タオルやふきんは乾いて清潔なものと交換しましょう。そして、手を洗いましょう。
- 加熱して調理する食品は十分に加熱しましょう。加熱を十分に行うことで、もし、食中毒菌がいたとしても殺すことができます。めやすは、中心部の温度が75℃で1分間以上加熱することです。
- 料理を途中でやめてそのまま室温に放置すると、細菌が食品に付いたり、増えたりします。途中でやめるようなときは、冷蔵庫に入れましょう。再び調理をするときは、十分に加熱しましょう。

ポイント5：食事
- 食卓につく前に手を洗いましょう。
- 清潔な手で、清潔な器具を使い、清潔な食器に盛りつけましょう。
- 温かく食べる料理は常に温かく、冷やして食べる料理は常に冷たくしておきましょう。めやすは、温かい料理は65℃以上、冷やして食べる料理は10℃以下です。

ポイント6：残った食品
- 残った食品を扱う前にも手を洗いましょう。残った食品はきれいな器具、皿を使って保存しましょう。
- 残った食品は早く冷えるように浅い容器に小分けして保存しましょう。
- 時間が経ち過ぎたら、思い切って捨てましょう。

（公益社団法人日本食品衛生協会のホームページから引用）

- 讓一行文字變少，會更容易閱讀
- 段落之間有間距，不會顯得拘束狹隘
- 將文字加大至 11pt，讀起來更輕鬆

塞入大量非必要的圖文，反而模糊焦點

這是建議與 L 公司合作活動的提案。使用圖表來佐證內容、又用照片加強想像，還有詳細的說明，過多元素使版面眼花撩亂，反而無法傳達重要的資訊。

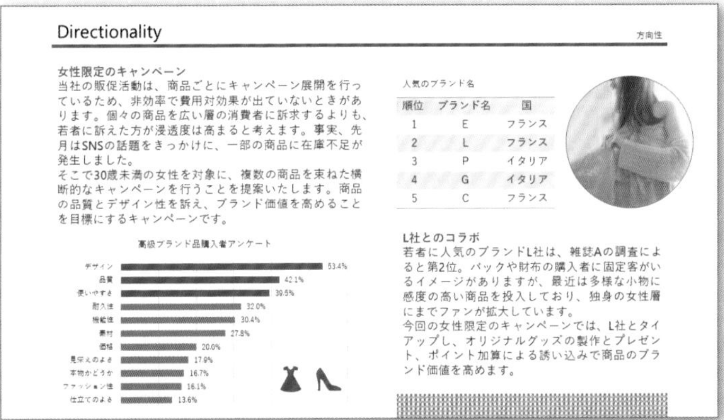

※標題中譯：「針對女性規劃的促銷活動」

- 圖表項目過多
- 右上方表格與照片拿掉也沒差
- 圖示與圖形拿掉的話會更清爽

只保留想呈現的內容，沒用的資訊就刪掉！

把資訊重新整理，只放必要的內容。用單一主題簡潔地呈現，可讓重要訊息變得更鮮明。如果想要傳達的資訊實在很多，也可以分頁說明。

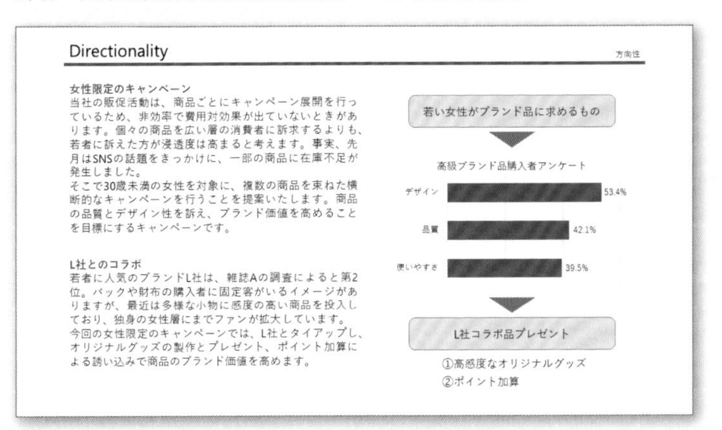

- 圖表中只顯示前 3 名
- 將圖表融合在右欄的流程圖中
- 把與 L 公司的合作意圖故事化

05 資料整理 難以比較商品資訊 → NG

相同層級的資訊若沒有擺在相同位置，會很難做比較

需要比較商品時，要能盡快看到相同的項目，才有助於比對差異。但有時候會因為不喜歡單調的版面，而任意改變排列方式與顏色，反而弄巧成拙，難以比較商品。

- 照片與文章交互編排
- 難以比較同層級的資訊
- 給人雜亂無章的感覺

以具有規則的版面編排，會更容易比較商品！

使用固定模式編排，較容易比較不同項目間的差異。雖然這樣編排有點普通，卻能達成「比較商品」這個目標。若能活用背景與框線添加變化，會更有設計感。

- 使用固定的模式編排每個項目
- 比較商品時的視線移動變得更流暢
- 給人容易比較的安心感，可仔細閱讀每一項目

雖然有留白卻無法整合資訊 → NG

到處散落的留白，缺乏整合性

前面提過，讓元素周圍留白，就會有集中效果。但如果版面上到處留白，不但不會變成好看的版面，還會讓元素的位置變得很亂，讓讀者不知道該看哪裡。

- 整體看似整齊，實則沒有
- 留白的位置四散而且大小參差不齊
- 視線無法順暢地移動

妥善規劃留白，給人整潔的感覺！

讓同類元素更靠近，可讓人強烈感受到元素的關聯性。留白也要盡量統一，可表現出緊湊感與舒適感。請活用這種緊密或寬鬆的設計手法，讓版面更有強弱變化吧！

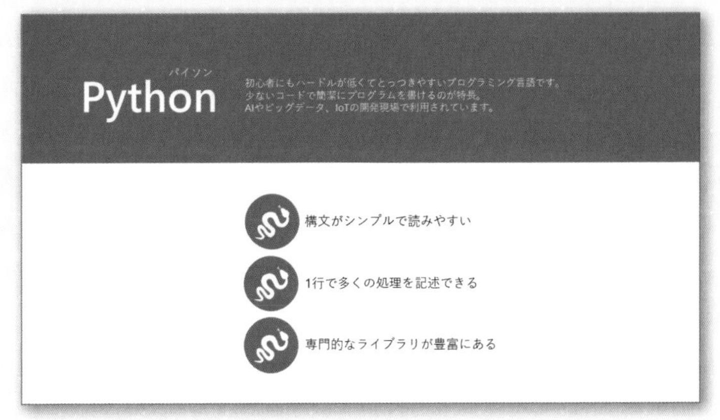

- 將圓形與圖示縮小，統一放在版面中央
- 在版面左右製造大面積的留白
- 增添強弱變化，變得更容易閱讀

07 版面編排 太過嚴肅的編排令人覺得無趣 → NG

如果看起來只是「還好」，無法讓人印象深刻

這個頁面只有標語與照片。雖然看起來穩重，但是太過嚴肅，令人感到無趣。其實標語表達的是「劃破雲端應用時代的力量」，應該更適合強而有力的設計。

クラウド時代を切り裂くチカラ

危機感を持ってスキルアップしないと、
いまの技術は5年後には通用しない。

※標題中譯：「劃破雲端應用時代的力量：
現在的技術可能會在 5 年後過時。
若不保持危機感而自我提升技術，
未來可能會被淘汰。」

- 無法傳達主題的強力感
- 照片的味道沒有發揮出來
- 整體過於穩重而顯得無趣

提高躍動率，營造魄力十足的印象！

版面中，各元素的大小差異稱為「躍動率」，躍動率大就會傳達活力十足的感覺。若改變文字的躍動率，讓大字更大、小字更小，即可大幅改變設計的印象。

- 將標題放大到幾乎滿版
- 衍生出強而有力的生動感
- 將文字傾斜配置，增添變化

整個版面都是平淡的文字，缺乏「讓人想讀」的焦點

要讓讀者產生「來讀讀看」的念頭，就要設計一些線索。如果版面只有基本的標題與內文，讀者就提不起勁來讀。請花點心思，在版面中放一些吸睛的「東西」。

(1) 企画書を作る　資料

「企画書」というと、慣れていない人は身構えてしまいます。しかし、報告書に意見を添えたり、ブリーフミーティングでアイデア資料を配ったりする経験はありませんか？

大事な内容を資料に示して相手に伝える。このような行為と役割は、企画書とまったく同じです。要は、「〇〇〇企画書」と記された1枚ないし数枚綴りの文書か否かの違いです。

これらの企画書は、多少の体裁を整える必要があります。読み手が納得してくれなければ成果はゼロなのですから、成功に向けて最大限の努力をしなければなりません。キャッチコピーで興味をそそり、図解でコンセプトを言い表し、イメージ写真で雰囲気を盛り上げ、全体のコーディネートで統一感を醸し出します。そこには、企画を通すための紙面作りの技術が含まれます。

一朝一夕に企画書を作ることなど無理です。最初は何をしていいかわからないのが実情でしょう。自分の考えを記すことにこだわり、「これでどうだ」「あれもこれも」と酔いしれてしまいがちですが、こうなると企画書ではなく自己主張です。企画書は、相手に役立つものを提案することが目的です。実行できるアイデアを提案し、そのための予算を得る決裁をもらうためのものです。

ただし、はじめから難しく考え込まないことも大切です。書く内容、つまり相手に伝えることが整理できていれば、何も怖くはありません。まずは紙面に思いのたけをぶつけましょう。次に、自分の意見が正しくかたちになっているか、これで相手に伝わるかを自問しながら吟味してください。企画は採用されなければなりません。きれいに仕上げる。見栄えがする。これらは副次的な要素です。

パワポはキャンバスに絵を描くように、さまざまな情報素材を自由に配置できます。わかりやすい、相手に伝わる企画書を作るなら、パワポは最適なツールと言えます。

(2) プレゼンスライドを作る　プレゼン

プレゼン用のスライドとは、プロジェクターで投影する環境（オンスクリーン）を前提にしたものです。これらのスライドはプレゼンスライド、そのデザインに関するものをスライドデザインと呼ぶことができます。

プレゼンスライドは、机上で文言を読んでもらう企画書とは異なり、読み手（聞き手）との距離があります。さらに、会場ではプレゼンを聞き入ろうとする人の意識をはぐらかす要素が多々あります。

その中でプレゼンスライドに視線を集中させ、内容を理解してもらうには、贅肪をそぎ落とした"決めの情報"だけにすべきです。文字を大きくして情報量を減らした大胆なつくり、遠くから見ても「パッとわかる」「印象に残る」つくりが必要になります。

極論すれば、スライドに記した1個のキーワードが聞き手の記憶に残れば、そのスライドの役割は果たせたと言えます。プレゼンの主役はプレゼンターであり、その内容です。したがって、「プレゼンスライドは会場を飾るインテリアだ」くらいに割り切ってみるのも、案外悪いことではありません（不要、飾り物という意味ではありません）。作り込まれた無駄のない情報だからこそ、作り手の想いが届くのです。

最近は、タブレットを使って目の前でプレゼンするケースが増えてきました。Webで提案したり、客先にパワポのデータを送って見てもらう例もあります。そこでは紙に出力する状況もあるでしょう。企画書に限らず、プレゼンスライドも一人歩きし、どこかでスライドデザインが評価されるのです。

プレゼンスライドは、その一枚一枚（画面画面）が決定稿です。聞き手が次の一枚を見てくれる保障はありません。したがって、プレゼンスライドは、その一枚で最も主張したいことを簡潔に述べます。見やすく、わかりやすく、相手に伝わるために企画書デザインとスライドデザインを工夫して作成します。

※標題中譯：「(1) 製作企劃書 (2) 製作簡報投影片」

- 只有文章顯得很枯燥
- 需要鼓起勇氣才能讀完
- 想要加點趣味性

用自製的圖示激起閱讀興趣！

活用圖形化的符號，可吸引讀者的視線駐留。請搭配文章內容，試著製作出和內容相關的圖示、標示分類的英文字母等，善用這類圖形元素，看起來會更好讀！

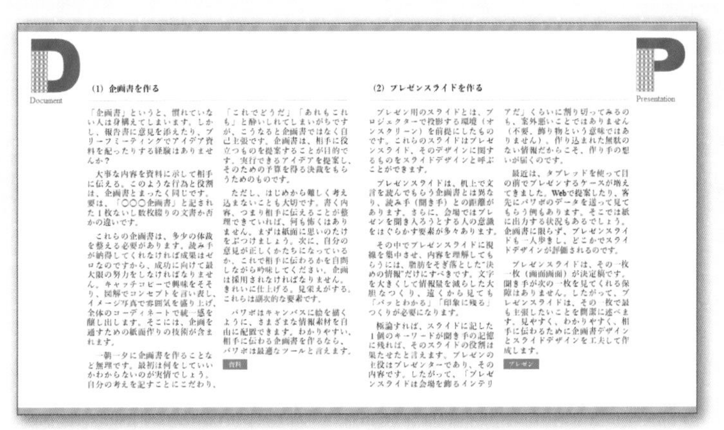

(1) 企画書を作る

「企画書」というと、慣れていない人は身構えてしまいます。しかし、報告書に意見を添えたり、ブリーフミーティングでアイデア資料を配ったりする経験はありませんか？

大事な内容を資料に示して相手に伝える。このような行為と役割は、企画書とまったく同じです。要は、「〇〇〇企画書」と記された1枚ないし数枚綴りの文書か否かの違いです。

これらの企画書は、多少の体裁を整える必要があります。読み手が納得してくれなければ成果はゼロなのですから、成功に向けて最大限の努力をしなければなりません。キャッチコピーで興味をそそり、図解でコンセプトを言い表し、イメージ写真で雰囲気を盛り上げ、全体のコーディネートで統一感を醸し出します。そこには、企画を通すための紙面作りの技術が含まれます。

一朝一夕に企画書を作ることなど無理です。最初は何をしていいかわからないのが実情でしょう。自分の考えを記すことにこだわり、「これでどうだ」「あれもこれも」と酔いしれてしまいがちですが、こうなると企画書ではなく自己主張です。企画書は、相手に役立つものを提案することが目的です。実行できるアイデアを提案し、そのための予算を得る決裁をもらうためのものです。

ただし、はじめから難しく考え込まないことも大切です。書く内容、つまり相手に伝えることが整理できていれば、何も怖くはありません。まずは紙面に思いのたけをぶつけましょう。次に、自分の意見が正しくかたちになっているか、これで相手に伝わるかを自問しながら吟味してください。企画は採用されなければなりません。きれいに仕上げる。見栄えがする。これらは副次的な要素です。

パワポはキャンバスに絵を描くように、さまざまな情報素材を自由に配置できます。わかりやすい、相手に伝わる企画書を作るなら、パワポは最適なツールと言えます。

資料

(2) プレゼンスライドを作る

プレゼン用のスライドとは、プロジェクターで投影する環境（オンスクリーン）を前提にしたものです。これらのスライドはプレゼンスライド、そのデザインに関するものをスライドデザインと呼ぶことができます。

プレゼンスライドは、机上で文言を読んでもらう企画書とは異なり、読み手（聞き手）との距離があります。さらに、会場ではプレゼンを聞き入ろうとする人の意識をはぐらかす要素が多々あります。

その中でプレゼンスライドに視線を集中させ、内容を理解してもらうには、贅肪をそぎ落とした"決めの情報"だけにすべきです。文字を大きくして情報量を減らした大胆なつくり、遠くから見ても「パッとわかる」「印象に残る」つくりが必要になります。

極論すれば、スライドに記した1個のキーワードが聞き手の記憶に残れば、そのスライドの役割は果たせたと言えます。プレゼンの主役はプレゼンターであり、その内容です。したがって、「プレゼンスライドは会場を飾るインテリアだ」くらいに割り切ってみるのも、案外悪いことではありません（不要、飾り物という意味ではありません）。作り込まれた無駄のない情報だからこそ、作り手の想いが届くのです。

最近は、タブレットを使って目の前でプレゼンするケースが増えてきました。Webで提案したり、客先にパワポのデータを送って見てもらう例もあります。そこでは紙に出力する状況もあるでしょう。企画書に限らず、プレゼンスライドも一人歩きし、どこかでスライドデザインが評価されるのです。

プレゼンスライドは、その一枚一枚（画面画面）が決定稿です。聞き手が次の一枚を見てくれる保障はありません。したがって、プレゼンスライドは、その一枚で最も主張したいことを簡潔に述べます。見やすく、わかりやすく、相手に伝わるために企画書デザインとスライドデザインを工夫して作成します。

プレゼン

- 製作能搭配文章內容的圖示
- 準備一個表示內容的英文字母
- 善用圖形與配色來降低單調感

09 版面編排 看不出資訊的優先順序 → NG

資訊沒有層級差異，看不出閱讀順序

即使是排列相同大小的照片，也必須要使用一些提示讀者「先看這裡！」的技巧。如果資訊的優先順序未經整理，讀者會抓不到重點，不知道該從哪裡看起。

※標題中譯：「小學生訪談　遊樂園最有人氣的設施 No.3
第 1 名摩天輪　第 2 名雲霄飛車　第 3 名旋轉木馬」

Check!

- 配置的資訊沒有差異
- 無法傳達資訊的優先順序
- 閱讀順序不明確

讓照片尺寸有大小的差異！

版面中的元素，若沒有堅持同樣大小，可試著做出差異，會讓版面更有變化，也能引導閱讀順序。此例是改變照片的尺寸，讓閱讀的優先順序變得更明確。

Change!

- 照片大小不同，閱讀順序變得清楚明確
- 在版面中營造「從大到小」的「閱讀動線」
- 版面更有變化而且美觀

標題不醒目 → NG

全部的文章看起來就像一大塊文字

標題不太明顯，是因為文字太小且缺乏空隙，這導致文章看起來就像一大塊文字。而且整篇文章的字體與行距都差不多，標題與內文又沒有太大差異，不太好讀。

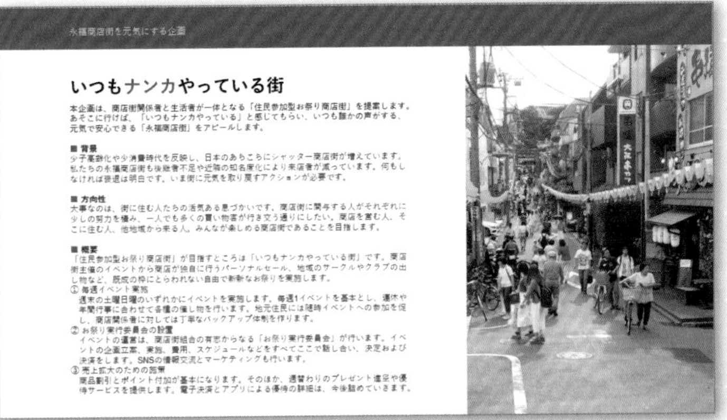

※標題中譯：「每天都想做點什麼的老街 - 永福商店街振興計畫」

- 標題的字體與內文相同
- 行距全都是相同的間隔
- 文章聚集成一整塊，缺乏變化

改變標題的字體大小，並在周圍加大留白的空間！

為了讓標題與內文差異更大，將標題字體改成 32pt 的「HGP 創英角 Gothic UB」，並與下一段保留一些明顯的空間。藉由提高躍動率，讓畫面更有強弱變化。

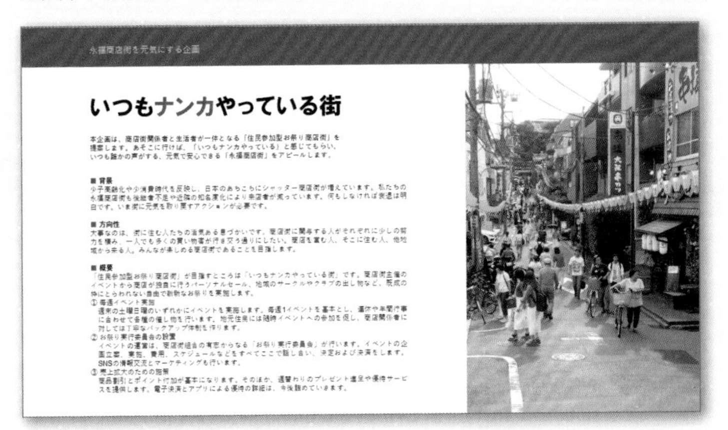

- 改變標題的字體和字級
- 標題周圍有足夠的留白
- 內文的文字縮小至 10pt

11 文字編排

字句斷開導致閱讀感受不順 → NG

讀到某些字詞時被硬生生地斷開，感覺很不好

排版時，有些句子末端的字詞會斷開，例如「講座」的第二個字掉到下一行，原本讀得很順，結果感覺被切斷了。建議稍做調整，盡量在不影響文意的地方換行吧！

※標題中譯：「Winter 2019 寒假短期游泳教室」

- 應該連在一起的字詞，卻被斷開到下一行
- 完整的詞句被分隔兩地，讀起來會有中斷感
- 閱讀感受中斷，資訊給人不穩定的感覺

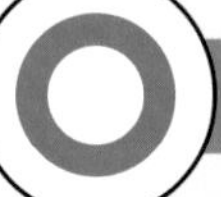

字詞不會突然截斷，較容易流暢地閱讀！

製作包含短文的版面時，若要避免斷句干擾閱讀動線，可運用以下兩種方法：①在字詞告一段落的地方強制換行（按 Shift + Enter 鍵）、② 調整寫法。

- 在詞句告一段落處強制換行
- 改變措辭或寫法
- 加大段落間距，讀起來更舒適

文字壓在照片上，照片被干擾，文字也難以閱讀

如果把文字直接壓在照片上面，會與照片的內容混在一起，讓文字變得很難閱讀。通常的作法是，要避免把文字放在照片上較複雜的區域，這需要花點心思調整。

※標題中譯：「綠色蔬菜是我們的好夥伴。」

- 照片內容被文字擋住
- 重要的文案不易閱讀
- 照片與文字互相干擾

找出照片與文字的良好關係！

建議嘗試以下幾種方法來改善視覺干擾：① 刷淡照片的顏色、② 透過裁切照片，改變攝影主體的位置、③ 將照片的一部份變成透明、④ 改變文字的顏色，或是替文字加上外框、⑤ 在文字下方襯一塊半透明的色塊。

- 將字體變更為 Meiryo 字體
- 將文字加粗
- 替文字加上外框

13 配色 令人眼睛疲勞的配色 → NG

標題文字的顏色看起來不舒適

如果把亮度（明度）相近、鮮豔度（彩度）高的顏色組合在一起，看起來可能會很刺眼而產生暈影。若有綠色與紅色、藍色與紅色的配色，要特別注意這個問題。

※標題中譯：「與觀葉植物一起生活」

- 紅色配綠色容易引發暈影現象
- 文字很難閱讀
- 紅色和綠色都是強烈色彩，容易讓眼睛疲勞

幫文字加上白色外框，就變得容易閱讀！

下面的改善範例中，雖然背景色相同，但是因為替文字加上白色外框（加黑色邊框也可以），就變得比較容易閱讀了。在原本衝突的紅色和綠色之間加入白色或黑色的框線，可變成視覺的緩衝區，讓文字變得更清楚可見（不過效果會依設計而異）。

- 替文字加上白色外框
- 框線可將衝突的紅色與綠色區域隔開
- 若改成白色文字，也能變得更容易閱讀

整個版面都是類似的顏色，顯得無趣

若是刻意營造沉穩的配色、具一致感的配色，有時候反而容易顯得太過樸素而流於無趣。建議試著在重要的地方使用裝飾色，以加強整體印象。

Promotion plan to branding
ブランド浸透の販促企画

5 施策効果

アクセス数20万
学生の夏季休暇中に集中販促を行うと、サイトへのアクセス数は、現行の6倍の20万と予想できます。

販売実績15%UP
前年同月比15%増の販売実績が得られ、小売店対策と同時に、エリア戦略の見直しに着手できます。

シェア20%堅持
上位の競合他社のシェア拡大をストップし、当社のシェア20%を堅持し、上乗せも期待できます。

※標題中譯：「政策施行效果：
網站訪客流量達 20 萬人次
銷售業績提升 15%
市佔率維持在 20%」

- 只用灰藍色系，顯得太過樸素
- 整體給人無趣的印象
- 版面沒有亮點

在配色中加入裝飾色，使版面變活潑！

一般認為平衡感良好的配色比例是「基本色 70：主色 25：裝飾色 5」。基本色是背景色與留白等基調，主色是決定整體氛圍的顏色，而裝飾色則是版面上少數重點區域的色彩。裝飾色雖然佔比最低，但是會有畫龍點睛的效果。

Promotion plan to branding
ブランド浸透の販促企画

5 施策効果

アクセス数20万
学生の夏季休暇中に集中販促を行うと、サイトへのアクセス数は、現行の6倍の20万と予想できます。

販売実績15%UP
前年同月比15%増の販売実績が得られ、小売店対策と同時に、エリア戦略の見直しに着手できます。

シェア20%堅持
上位の競合他社のシェア拡大をストップし、当社のシェア20%を堅持し、上乗せも期待できます。

- 在版面上 3 個地方使用裝飾色
- 整個版面變得明亮起來
- 一眼就能看到「3 個重點」

15 圖表 圖表顏色過多 → NG

顏色太繽紛，每個項目都像主角

圖表中的數列如果有太多種樣式，容易變成沒有重點的圖表。若有想強調的重點，請設法突顯該處，並減少其他顏色。若是顏色過多，效果反而會互相抵銷。

※標題中譯：「回收電池銷售額各年度一覽表
使用者需求仍在擴大中」

- 顏色太多會使圖表變得混亂
- 直接用軟體預設的顏色會讓人覺得偷工減料
- 即使有重要的資訊也看不出來

如果圖表中有訴求重點，請讓它更醒目！

只在最重要的項目加上鮮豔的顏色，其他項目則改成灰色，即可馬上看到最重要的資訊。想要比較項目時，只要添加這樣的色彩差異，就可以達到容易比較的效果，又不會被顏色干擾。

- 只有其中一個數列加上醒目的紫色
- 其他數列則改用灰色使其變低調
- 在需要說明處使用對話框加上註解

無法製作有趣的圖表 → NG

圖表 16

枯燥的圖表缺乏視覺趣味

想讓圖表看起來更有趣，可考慮把某個項目變成有趣的圖案，不過要注意避免干擾圖表內容。請適度地添加趣味元素，可讓讀者感到有趣，同時又能一看就懂。

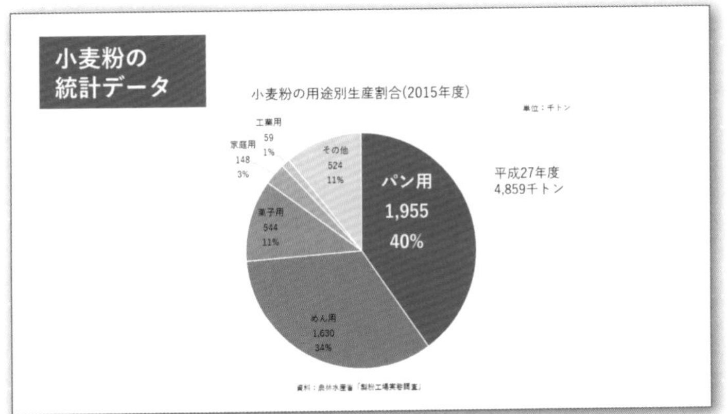

※標題中譯：「各類麵粉生產用途佔比（2015 年度）
麵包用 40% 製麵用 34% 甜點用 11% 家庭用 3%
工業用 1% 其他 11%」

- 將必要項目安排得過於密集
- 看起來缺乏趣味性
- 沒有特別設計、感覺不夠用心

用生動有力的設計，打造出有趣的圖表！

在下面的圓餅圖中，將「パン用 40%（麵包用 40%）」的項目改成麵包的圖片，以強調這個項目同時美化圖表，並在周圍配置相關的統計資料，展現出活潑的感覺。不過這個技巧仍要小心拿捏，若做得太過活潑，可能會產生反效果。

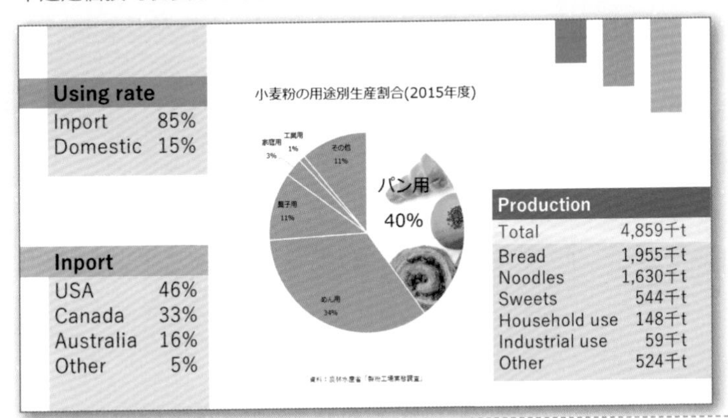

- 只把強調的項目換成麵包圖片
- 其他項目一樣用灰色控制顏色
- 讓相關資料讀起來更輕鬆

17 圖表 長條圖的數值難以解讀 → NG

將圖表的標籤改成直式，仍無法改善難讀的問題

數列上的數值如果太大，會使文字壓在圖上，並不好看。以本例來說，就算將數值垂直排列，還是很難讀。項目直條的間隔也過於空洞，看起來太醒目而且不舒適。

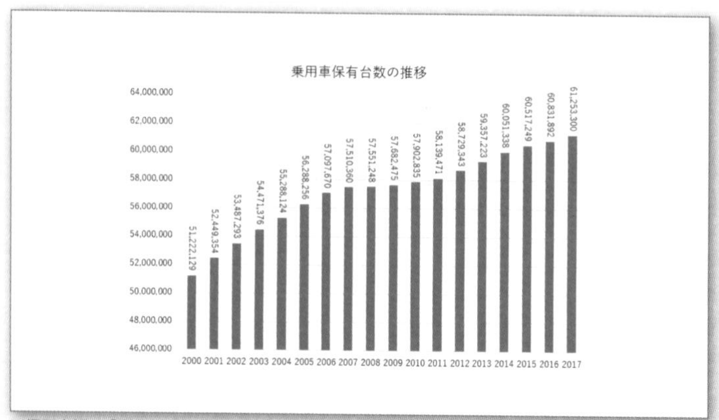

※標題中譯：「各年度的轎車擁有台數一覽表」

- 各標籤之間的數值過大
- 直排也會因數值文字太多而難以閱讀
- 項目直條的間隔太寬會讓人很在意

改變座標軸的顯示單位，使圖表變俐落！

將座標軸的顯示單位變更為「萬」，則標籤也自動變更為較少的數值，如此便可以讓數值改用橫排的方式顯示。這個方法雖然單純，卻是快速有效的技巧，能讓數值馬上變得好讀。請將文字大小也調整為適當的尺寸吧！

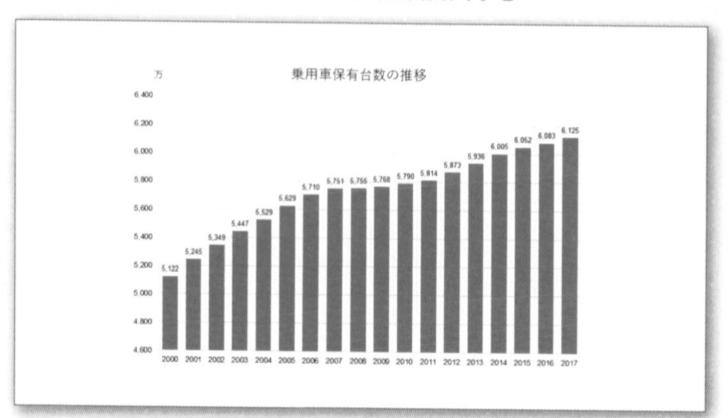

- 將座標軸的單位變更為「萬」
- 將項目直條間距調整為「50%」縮小間距
- 在橫軸加入刻度線以便對照

傳達的訊息無法讓人印象深刻

這是創意飯糰大賽的簡報，光看標題有點無趣。觀眾即使了解內容，但要想出具體形象並不容易。這時如果能運用照片，即可讓想傳達的形象瞬間變得很清楚。

あなたのおにぎり
具ランプリ2019

あなたの手作りおにぎりを紹介してください。
定番やオリジナル、ちょい足し具材で
みんなが笑顔になる具ランプリを決めます。
まもなくスタートです。
詳しくは専用サイトで。

※標題中譯：「你的私房手作飯糰配料大賽 2019」

- 只能從字面上了解意義
- 活動主旨也可以理解
- 無法將想像化為具體形象

善用照片，可讓模糊的形象變得更明確！

加入照片即可讓要傳達的訊息變得更具體。比起文字，照片可以吸引讀者的視線，更容易讓讀者或觀眾覺得印象深刻。

あなたのおにぎり
具ランプリ2019

9月1日～30日

あなたの手作りおにぎりを紹介してください。
定番やオリジナル、ちょい足し具材で
みんなが笑顔になる具ランプリを決めます。
まもなくスタートです。
詳しくは専用サイトで。

- 照片能讓人印象深刻
- 照片具有震撼力
- 照片能吸引讀者的視線

19 照片　使用尺寸不夠大的照片 → NG

照片的尺寸不足，版面平衡感不好

如果要編排的空間很大，放進來的照片卻太小張，效果會不太好，特地放了照片反而使版面的平衡感不佳。請多多嘗試各種不同的編排方式，才能發揮照片的魅力。

※標題中譯：「療癒的小物生活」

- 照片放在中央，感覺好像浮在空中
- 左右的留白讓人很在意
- 感覺好像少了點什麼

用相同的照片襯底，提升整體印象！

照片不夠大時，可嘗試幾種方法：① 在空白處補上相同的照片（改變顏色或色調來強化形象）、② 將照片邊緣模糊（讓邊界融入版面）、③ 遮住照片的一部份。

- 在背景鋪上相同的照片
- 將襯底照片調整為灰色
- 降低背景照片的色調、抑制強度

只將一張照片放在版面上，無法營造熱鬧感

光是一張形象照，即使將它放大，也無法營造出歡樂或熱鬧的感覺。建議透過各種角度來觀察一張照片，找出照片可以表現的多樣資訊，藉此衍生出趣味性。

Southern Resort Club

日本から約4時間とアプローチしやすいリゾート地。昔から変わらない自然や風景が残り、どこか田舎らしいのんびりとした空気があるのが特長です。

大人向けのアクティビティが充実し、ゆったりとしたビーチで多彩なマリンスポーツが楽しめます。

サザン・リゾート・クラブは、自分流の楽しみ方を見つけることができる日常を感じさせない空間です。

※標題中譯：「南方渡假村」

- 只將單一照片安排在版面上
- 沒有強調照片的開闊感
- 沒有強調歡樂與熱鬧感

透過裁切技巧，讓照片呈現多樣風貌！

透過裁切，可改變照片的構圖，用同一張照片變化出多種構圖。把這些不同構圖的照片和多個矩形一起配置成格狀版面，即可帶來更多變化。

- 活用裁切技巧，將 1 張照片變成 3 張
- 將照片與相同尺寸的圖形並排
- 用多張照片編排成格狀版面

本書中的解說或範例簡報的內容，是為了解說設計觀念或 PowerPoint 操作方法而特別製作的。本書中所有範例的內容皆為虛構，絕非指涉特定的企業、人物、商品或服務。

本書是以熟悉 PowerPoint 基本操作為前提來解說，因此沒有提供 PowerPoint 軟體的基礎教學。如果讀者是不熟悉 PowerPoint 的初學者，在閱讀本書前，建議先閱讀其他的 PowerPoint 入門書。

本書中使用的照片，是來自「PAKUTASO」、「写真素材 足成」等照片素材網站，或是「創用 CC 授權」的照片。

● 作者簡介

渡辺克之（Watanabe Katsuyuki）

現職為技術文件工程師（Technical Writer）。曾在顧問類的系統整合商、廣告代理商、出版社等產業擔任業務。自1996年起成為自由工作者，之後的工作以出版品企劃與撰寫、促銷活動籌畫與設計製作為主。曾出版過多本教學書籍，主題是關於活用 Office 軟體、OS、VBA 等技術。

他曾在「Sotechsha」出版社出版過「テンプレートで時間短縮！（用範本縮短時間！）」與「伝わる資料（易於傳達的資料）」等系列書，擅長使用饒富變化的實例來說明觀念，內容豐富，廣受讀者好評。

[作者的系列著作]

● 《テンプレートで時間短縮！パワポで簡単 A4 × 1 枚・企画書デザイン》
（中文版書名為《讓人說 YES! 企劃書・提案・報告：商用範例隨選即用 PowerPoint（附光碟）》，旗標出版，2012）

● 《テンプレートで時間短縮！パワポ & エクセルで簡単 A4 × 1 枚・企画書デザイン》
（暫譯：用範本縮短時間！用 PowerPoint & Excel 輕鬆設計 A4 企劃書）

● 《テンプレートで時間短縮！パワポ & エクセルで簡単 カタログ・チラシ・資料デザイン》
（暫譯：用範本縮短時間！用 PowerPoint & Excel 輕鬆設計型錄、傳單、資料）

● 《テンプレートで時間短縮！パワポで簡単 企画書 & プレゼンデザイン》
（暫譯：用範本縮短時間！用 PowerPoint 輕鬆設計企劃書與簡報）

● 《テンプレートで時間短縮！パワポ & ワードで簡単 企画書デザイン》
（暫譯：用範本縮短時間！用 PowerPoint & Word 輕鬆設計企劃書）

● 《「伝わる資料」デザイン・テクニック》
（暫譯：「易於傳達的資料」設計技巧）

● 《「伝わる資料」PowerPoint 企画書デザイン》
（中文版書名為《職場競爭力 UP：成功的企劃書設計與 PowerPoint 實用技巧》，博碩出版，2018）

● 《「伝わるデザイン」PowerPoint 資料作成術》
（中文版書名為《別再把簡報塞滿！這樣做簡報才吸睛 用 PowerPoint 成為簡報王》，旗標出版，2018）

● 《「伝わるデザイン」Excel 資料作成術》
（暫譯：「易於傳達的資料」Excel 資料製作術）
（以上著作皆由「Sotechsha」出版）

[本書使用到的照片來源]
免費照片素材網站「PAKUTASO」
https://www.pakutaso.com/

感謝您購買旗標書，
記得到旗標網站
www.flag.com.tw
更多的加值內容等著您…

● FB 官方粉絲專頁：旗標知識講堂

● 旗標「線上購買」專區：您不用出門就可選購旗標書！

● 如您對本書內容有不明瞭或建議改進之處，請連上旗標網站，點選首頁的 聯絡我們 專區。

若需線上即時詢問問題，可點選旗標官方粉絲專頁留言詢問，小編客服隨時待命，盡速回覆。

若是寄信聯絡旗標客服 email，我們收到您的訊息後，將由專業客服人員為您解答。

我們所提供的售後服務範圍僅限於書籍本身或內容表達不清楚的地方，至於軟硬體的問題，請直接連絡廠商。

學生團體　訂購專線：(02)2396-3257 轉 362
　　　　　傳真專線：(02)2321-2545

經銷商　服務專線：(02)2396-3257 轉 331
　　　　將派專人拜訪
　　　　傳真專線：(02)2321-2545

國家圖書館出版品預行編目資料

這樣你看得懂嗎？讓你秒懂的資訊設計 O 與 X：平面設計、商業簡報、社群小編都要會的資訊傳達術
渡辺克之 著；謝薾鎂 譯 --
臺北市：旗標，2020. 07　面；公分

ISBN 978-986-312-630-0 (平裝)

1. 文書處理　2. 簡報　3. 設計　4. 圖文傳播

494.45　　　109006767

作　　者／渡辺克之 著
翻譯著作人／旗標科技股份有限公司
發 行 所／旗標科技股份有限公司
台北市杭州南路一段15-1號19樓
電　　話／(02)2396-3257(代表號)
傳　　真／(02)2321-2545
劃撥帳號／1332727-9
帳　　戶／旗標科技股份有限公司
監　　督／陳彥發
執行企劃／蘇曉琪
執行編輯／蘇曉琪
美術編輯／林美麗
封面設計／吳語涵
校　　對／蘇曉琪

新台幣售價：450 元
西元 2020 年 7 月 初版
行政院新聞局核准登記-局版台業字第 4512 號
ISBN 978-986-312-630-0